柞蚕病害与防控

主　编　朱绪伟
副主编　张耀亭　杨新峰

中国水利水电出版社
www.waterpub.com.cn
·北京·

内 容 提 要

本书共分八章，包括柞蚕病毒性病害，柞蚕细菌性病害，柞蚕原生动物病害，柞蚕真菌病害，柞蚕寄生虫病，柞蚕中毒症，消毒和综合防治。分别介绍了细菌性胃肠病、败血病、柞蚕微粒子病等对河南柞蚕生产为害较大的病害。

本书内容丰富、技术先进、通俗易懂、简明实用。可供广大蚕农和基层蚕业工作者学习使用，也可作为蚕业技术培训教材。

图书在版编目（CIP）数据

柞蚕病害与防控 / 朱绪伟主编. -- 北京 : 中国水利水电出版社，2019.9
ISBN 978-7-5170-7883-8

Ⅰ. ①柞… Ⅱ. ①朱… Ⅲ. ①柞蚕－病虫害防治 Ⅳ. ①S885.14

中国版本图书馆CIP数据核字(2019)第165391号

书 名	**柞蚕病害与防控** ZUOCAN BINGHAI YU FANGKONG
作 者	主编 朱绪伟 副主编 张耀亭 杨新峰
出版发行	中国水利水电出版社 （北京市海淀区玉渊潭南路1号D座　100038） 网址：www.waterpub.com.cn E-mail：sales@waterpub.com.cn 电话：(010) 68367658 （营销中心）
经 售	北京科水图书销售中心 （零售） 电话：(010) 88383994、63202643、68545874 全国各地新华书店和相关出版物销售网点
排 版	中国水利水电出版社微机排版中心
印 刷	北京瑞斯通印务发展有限公司
规 格	170mm×240mm　16开本　5.5印张　85千字　8插页
版 次	2019年9月第1版　2019年9月第1次印刷
印 数	0001—2500册
定 价	**38.00元**

图 1　柞蚕微粒子病蚕

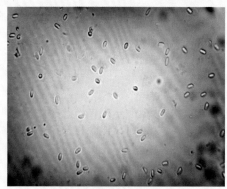

图 2　柞蚕微粒子孢子

图 3　柞蚕微粒子病蛾及外部病症 1

图 4　柞蚕微粒子病蛾及外部病症 2

图 5　柞蚕核型多角体病毒病——"老虎病"

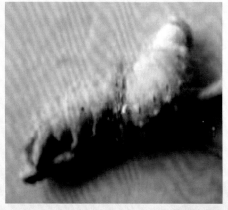

图 6　柞蚕核型多角体病毒病——半脱皮蚕

图 7 柞蚕核型多角体病毒病——"血茧"

图 8 柞蚕败血病

图 9 柞蚕空胴病

图 10 柞蚕白僵病病蚕

图 11 柞蚕白僵病病蛹

图 12 蝇蛆病蚕

图 13　柞蚕饰腹寄蝇（♂♀）

图 14　蚕饰腹寄蝇

图 15　寄生蝇幼虫

图 16　寄生蝇蛹

图 17　蚕茧脱蛆状

图 18　蝇蛆茧

图 19　柞蚕绒茧蜂病蚕

图 20　蚕内绒茧蜂幼虫

图 21　柞蚕绒茧蜂蛹

图 22　柞蚕绒茧蜂成虫

图 23　金小蜂（雌）

图 24　金小蜂（雄）

图 25　小蚕场清理

图 26　小蚕保护育

图 27　移蚕

图 28　蚕坡消毒

图 29　喷药杀蛆

图 30　目选母蛾

图 31　母蛾显微镜检查

图 32　卵面消毒

编 委 会

前　言

河南省位于黄河中下游，气候适宜放养柞蚕，西南部伏牛山区，南部大别山区、桐柏山区，山民多于山坡地带种植柞树，放养柞蚕，是我国一化性柞蚕的主产区，其产量约占一化性柞蚕区的 90％以上。柞蚕业是河南省的传统产业和特色优势产业，是蚕区人民多年赖以生存和难以替代的主导产业，发展柞蚕业，对农民增收致富、发展地方经济、保护生态环境、传承中华文化具有十分重要的现实意义。

柞蚕幼虫全龄生长在野外，经常受到各种病害的侵袭，同时，其赖以生存的饲料——柞树，在自然界中也常遭受各种病菌的侵袭感染病害，这些都直接给柞蚕生产带来了巨大的经济损失，也影响柞蚕产业的发展。为了在河南新老蚕区加快推广应用以消毒为中心的柞蚕病害综合防控技术，帮助山区群众早日脱贫致富，编者根据多年的生产实践，在前人研究的基础之上，结合在本领域的研究，将柞蚕病害成果整理、汇集成册，编写了《柞蚕病害与防控》。

本书以基础理论为依据，融入了多年的生产实践经验和省内外的新成果、新技术，结合河南省柞蚕区的实际情况编写，分别介绍了细菌性胃肠病、败血病、柞蚕微粒子病等对河南柞蚕生产为害较大的病害。本书内容丰富、技术先进、通俗易懂、简明实用。可供广大蚕农和基层蚕业工作者学习使用，也可作为蚕业技术培训教材。

本书由朱绪伟、张耀亭、杨新峰、崔自学、潘茂华、周其明、李元洪、赵鹏、王嘉祯、张永君、张凡红、袁颖、谢辉、张静、董绪国、赵晓、郭剑等编写。编写人员全部参与了本书的原材料收集、修订和完善工作。

本书在编写过程中，曾得到南召、鲁山、方城等县蚕业部门的大力支持，并承蒙国家蚕桑产业技术体系（CARS－18）、河南省科技特派员服务团等项目给予了出版资助，在此一并深表感谢。

由于编者水平有限，加之时间仓促，书中难免有不当之处，恳请读者批评指正。

编 者

2019 年 7 月

目　录

第一章

柞 蚕 病 毒 性 病 害

柞蚕病毒性病害是一类由病毒引起的剧烈传染性病害，为害柞蚕最重的是核型多角体病毒病，其次是非包涵体病毒病，再次是质型多角体病毒病，质型多角体病毒病在中国尚无报道。

第一节　柞蚕核型多角体病毒病

一、分布与为害

柞蚕核型多角体病毒病俗称柞蚕脓病、老虎病等，为害柞蚕的历史长久并且分布广泛，世界上凡是放养柞蚕的国家都有柞蚕核型多角体病毒病发生；在中国的河南、山东、贵州、四川、黑龙江、内蒙古、吉林、辽宁等省（自治区）都有此病发生，长期以来为害严重，传染性强，一般年份蚕病发病率为5％～20％，发病重的年份高达50％，消毒有较好的防治效果，但不能根治。

二、病症

柞蚕核型多角体病毒病主要发生在蚕期和蛹期，而蛾期在自然界自然发生的还没有观察到，人工接种的病蛾有过报道。

（一）蚕期的病症

在蚕儿的生命过程中，核型多角体病毒病在一龄发生比较少，一般在二龄至营茧前，主要在老眠前后或结茧前发病较多。由于蚕的不同龄期发病症状也不一样。在发病前病蚕与健蚕无显著差异，得病后经过潜伏期就会逐渐地表现出症状来，其比较共同的症状是病蚕全身肿胀、狂躁、皮易破、流脓汁，在不同龄期表现不一，归纳在蚕期有以下几种症状。

1. 半脱皮蚕

一般在出蚕时，破卵出蚁啃食卵壳上的病毒量较多时，在一龄眠中身体肿胀，眠起脱不下皮呈不脱皮蚕。有的眠起时，旧皮脱下一半，新皮色暗淡，蚕就死了，也为半脱皮蚕。这种半脱皮蚕各眠期都有发生，经观察在三龄以前发生较多。

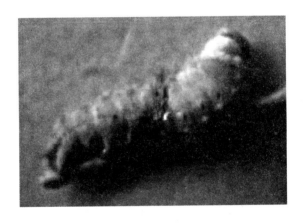

柞蚕核型多角体病毒病——半脱皮蚕

2. 水眠子

这种病多在二龄、三龄蚕的眠中或眠将起的时候发生。发病初期，病蚕体皮柔软，体节肿胀，这时候肉眼很难判断，病势再重，病蚕多用尾足或后腹部的腹足抱住柞枝，头部下垂，体皮溃烂，流出脓汁而死。

2

3. 嫩起子

病蚕眠起脱皮后，体皮始终柔嫩，不硬化，体色变暗，体节肿胀，有时尾部三角板变为黑色，病势较重时体皮破裂，流出脓汁而死。

4. 老虎病

老虎病多发生在五龄，五龄盛食期过后到营茧前发生。发病初期，病蚕体节肿胀，肉眼观察，可以隐隐约约发现发病部位有许多灰色或褐色斑点，病势再发展，发病部位由小渐大开始溃烂，变成黑色或褐色的病斑形同老虎皮，俗称老虎病。若一碰，皮易破，有脓汁流出。

柞蚕核型多角体病毒病——"老虎病"

（二）蛹期病症

柞蚕病蛹症状表现：得病的蛹表现出体色浑暗，蛹皮脆弱，颅顶板变成灰黑色，一经触动即能流出脓汁，流出的脓汁有时浸透了茧，在河南俗称血茧。

三、病变

核型多角体病毒侵入蚕体内，首先寄生血球，其次寄生脂肪细胞、气管被膜细胞、体皮组织核内，这些组织被寄生后病变不同而使病蚕外部表现的症状也不一样。

3

柞蚕核型多角体病毒病——血茧

（一）血液的病变

病毒粒子侵入血细胞，首先在细胞核内繁殖，形成多角体，由少到多，最后把血细胞胀破，多角体和血细胞的残余物质一起流入血液内，使血液变成浑浊状类似脓汁。

（二）脂肪的病变

病毒侵入脂肪细胞核后，就开始增殖，逐渐地在细胞核内形成多角体，最后细胞核和细胞都被多角体胀破。这时的脂肪组织呈现一种溃烂状态，从病蚕体外观察，可以看到皮肤下层的脂肪溃烂状态好像豆腐脑似的。脂肪细胞被多角体胀破后，多角体和脂肪球等都流入血液内，使血液变浑浊。

（三）气管的病变

病毒侵入气管被膜细胞内引起病理变化，肉眼不易看出，影响蚕儿的吸收和排泄，主要影响水分排泄而使脓肿蚕体水分较多。

（四）体皮的病变

柞蚕体壁真皮层内，分布着许多毛原细胞，特别是疣状突起上刚毛丛的基部，生毛细胞更为明显。病毒对生毛细胞和真皮细胞，同样有亲和性。病毒寄生后，首先在细胞核内增殖，核内出现光辉颗粒，随着病势的发展，颗粒也随着增大，形成钝三角形或四角形多角体，最后细胞被胀破，多角体流入血液中，体皮细胞被破坏以后，呈现溃烂状态，只剩下一层角质的表皮，稍经触动皮即破称之为烂皮。

病蚕的真皮细胞和生毛细胞被病毒寄生以后，生毛细胞的病程进展往往比真皮细胞快。在小蚕期，因为病蚕的病理经过时间短，显不出差异，到五龄盛食期持续时间长，所以在生毛细胞多的地方首先出现病斑，先为褐色，继而变为黑色多斑连在一起，形成黑纹形同"虎皮"。

四、病原

柞蚕核型多角体病毒属于杆状病毒科 A 亚组。这种病毒以两种状态存在：一种是包入在多角体里的病毒，称为多角体病毒；另一种未包入多角体里或由多角体溶解出来的病毒，称为游离病毒。

（一）多角体病毒

病毒封入多角体里不能出来，如果把多角体洗干净无游离病毒，注射蚕体内，不能致病。当多角体在碱溶液中或者蚕的胃液中溶解开，病毒粒子放出来，才能致病。

1. 多角体形状

用扫描电镜观察多角体形态主要有三种：三角形四面体、四角形六面体和不规则形态，它们所占比例为 43%、33%和 24%。在一个细胞核中的多角体基本上是一种形状，极少数是一个细胞核中有两种以上的形状。

2. 多角体的大小

核型多角体大小差异悬殊，为 $0.7 \sim 10 \mu m$。不同组织的细胞中形成的多角体大小不一致；就是在同一个组织细胞中，形成的多角体的数量不等，大小也不一致。细胞核中所形成的多角体数量少时，其多角体都是比较大的，同一个细胞核中多角体大小差异不大。

3. 多角体的表面结构

从多角体的表面看有如下几种现象：一是表面光滑致密；二是表面不光滑，有的呈瓦棱状，有的表面有纵横的饰纹；三是表面凸凹不平，有的表面还嵌附着病毒粒子。还有的可以看到一些病毒脱落的凹陷：第一种是成熟的多角体；第二种是保存中的自然裂解现象；第三种是不成熟的多角体。

4. 多角体的内部结构

成熟多角体和不成熟多角体其断面结构不同，成熟多角体的断面可分三层，从外向内为表面层、不包含病毒束的蛋白质层和嵌入大量病毒束的核心层。

5. 多角体的性质和抗性

多角体的组成主要是蛋白质，蛋白质由多种氨基酸组成，还有微量元素铁和镁。多角体折光性很强，比重大于水，不溶于水、酒精、乙醚、甲醇、丙醇、氯仿、二甲苯、蚕血等。能被碱性溶液溶解，如氢氧化钠、碳酸氢钠和蚕的肠液。多角体本身不易染色，可用媒染剂或微酸、微碱处理，再用姬姆萨、伊红、苏木精、苦味酸等染色。

病毒封入多角体内可借用多角体保护、抵抗恶劣环境和化学药剂，可以长期维持其传染力，在室内自然状态下其活力保持 3 年以上，在野外柞蚕场里，其传染活力可保持 2 年以上。

在 2％福尔马林 23℃下浸 30 分钟失去致病力。

在 10％盐酸 20℃下浸 10 分钟失去致病力。

在 5％硫酸 20℃下浸 10 分钟失去致病力。

在 1％苛性钠 24℃下浸 1 分钟失去致病力。

在 1％石灰乳中 24.5℃下浸 30 分钟失去致病力。

在 100℃沸水中煮 5 分钟失去活力。在日光下，强光照射 8 小时也有消毒效果。

（二）游离病毒

游离在外边或者由多角体溶解出来的病毒为游离病毒，主要包括病毒束和病毒粒子。

1. 病毒束

柞蚕 NPV 病毒束呈短棒状，其一端有突起，有的两端均有突起。病毒束的外层是一个双层结构的膜，亦称发育膜或外膜，膜内包含数量不等的病毒粒子（1～15 根），一般 4～5 根。

2. 病毒粒子

病毒粒子呈长杆状，一端有突起，成熟的病毒粒子有双层膜包裹（外膜和内膜）。病毒粒子在碳酸钠的作用下，内部核酸物质可以完全释放出来，留下外面的空壳。病毒粒子的核酸是最活化的物质，对柞蚕有强烈的致病性。病毒粒子呈游离状态，对不良因素抵抗力较差。

3. 病毒粒子对柞蚕血细胞的侵染经过

病毒粒子侵入蚕的体腔内，在血液中游离，在侵入血细胞之前首先在血细胞外靠近细胞膜的部位聚集，接着便以它的前端首先吸附在被侵染细胞的膜上，病毒粒子以它的外膜通过细胞膜，使细胞膜和病毒粒子的外膜融合成一个共同的膜，杆状病毒粒子便从自己的外膜中脱出，顺着融通的开口钻入细胞中，可以看到病毒粒子进入细胞质的部位。

五、传染规律

核型多角体病是传染蔓延很快的一种病，分布广，历史长，其传染规律很复杂，有些情况还没弄清楚。蚕民对发病规律也有说法，如"小蚕见一面，大蚕死一半"，"蚕官蚕官你别喜，就看大眠起"，都是从经验中对柞蚕脓病发病情况的概括总结。在生产中小蚕发生核型多角体病的较少，但如果小蚕发病便是大蚕发病的预兆。发病是多种因素促成的，影响发病规律的因素主要如下所述。

(一) 传染源

核型多角体的病原是游离病毒和多角体病毒，这两种病毒的存在场所和存在的形式是扩大传染的发源地。

（1）核型多角体病蚕流出的脓汁，病蚕死后的尸体，黏附在蚕室蚕具、地面柞枝上的多角体。

（2）茧壳内病死的蚕和蛹的尸体以及溃烂之后污染的血茧。

(二) 传染途径

柞蚕核型多角体病分经口传染和创伤传染两个途径。经口传染主要是粘在卵壳上的游离病毒、多角体病毒和柞叶上的病毒或多角体病毒被蚕吃下，引起发病。病毒经伤口侵入发病一般是游离病毒直接由伤口侵入而发病。两者比较经口传染是主要的途径。

1. 经口传染

核型多角体病毒附着在卵面上或柞叶上，被蚕食下以后，多角体在蚕儿中肠内被肠液溶解，病毒粒子释放出来，通过胃壁细胞间隙进入体腔内，随着血液循环即可寄生血液细胞、脂肪细胞、皮下细胞和气管膜，这些都是侵入细胞核中繁殖复制而使蚕儿发病。

核型多角体病毒到卵面上的主要途径有：茧壳上带有的病毒通过发蛾产卵而带到卵面上，选茧剥茧中经人手操作带上血茧的病毒，传到外茧上发蛾后带到卵面上。试验证明，通过蛾体带到卵面上，对子代的传染发病率：蚕期为 $58.57\% \sim 71.37\%$，蛹期为 $22.72\% \sim 26.82\%$。通过蚕筐、保卵室、孵卵室人工操作也都能传到卵面上。

核型多角体病毒污染到柞叶上引起食下传染的途径有：柞蚕场内存在的病毒，通过清理小三场传播到柞叶上。柞蚕场内存在的病毒，通过风雨溅落在柞叶上，发病蚕流出的脓汁直接污染柞叶，或脓汁通过昆虫媒介扩大传染到柞叶，被没感染的蚕吃下而发病。

2. 创伤传染

收蚁、移蚕、人工操作不慎、昆虫咬伤等多种因素造成的伤口，都是病毒进入蚕体的渠道，但一般多角体形态不能直接造成传染。

3. 胚种传染

核型多角体病是否通过胚种传染，过去有一些假说，譬如病毒潜伏说、病毒自生说，经过试验证明，核型多角体病是出蚕以后感染的，不是遗传的。蚕民说："脓病"不留根。

(三) 柞蚕核型多角体病的发生与环境条件的关系

经过多年生产的经验总结，柞蚕核型多角体病的发生与下列条件有关：

(1) 种茧越冬期间长期感受 5℃以上温度。

(2) 春季发蛾太早，蚕卵在低温下控制时间过长（超过 30 天）。

(3) 春蚕小蚕期低温时间持续长。

(4) 夏季摘茧时种茧堆积过厚，茧堆发热。

(5) 蚕期阴雨连绵，日照少，蚕吃含水量过多的嫩叶。

(6) 放养在窝风、闷热的蚕场时间过长。

(7) 蚕生长发育阶段气象条件骤变，如霜雹等侵袭，温度过高也易诱发此病。

【拓展阅读】

对柞蚕的蛹、卵、幼虫进行不同环境条件处理试验，调查柞蚕核型多角体病自然发病率。结果下列情况促使柞蚕发生较多的核型多角体病：暖茧期蚕蛹和孵卵期蚕卵长期接触高温多湿（27℃、90%）、低温多湿（15℃、90%）；低温（7～8℃）抑制蚕卵胚子 15 天以上；春柞蚕卵在自然室温（13～19℃）保存 30 天以上；出蚕期卵层堆积厚度 1.5cm 以上；幼嫩饲料；"下河"蚁蚕的河滩畦芽育；五龄饷食蚕受到 38℃ 3 小时冲击。

讨论：试验表明，暖茧和孵卵期的高温多湿、卵期长期低温抑制、蚕期幼嫩饲料和五龄饷食期热冲击等不良环境条件，可以促使柞蚕发生较多的核型多角体病。柞蚕自然发病率增高的原因，我们依照吕鸿声的论点，是不良环境条件（激原），影响各变态期柞蚕（包括蛹、成虫、卵和幼虫）的正常生理代谢，削弱了柞蚕的体质，从而提高了柞蚕对外界微量病毒（APNPV）的感受性。我们把解除滞育的柞蚕蛹和形成胚子的柞蚕卵置于32℃、90%或27℃、90%的高温多湿环境中抚育，蛹、蛾、卵、蚕在生长发育中，都表现出一系列不正常的生理特征，蚕蛾羽化率、蚕卵孵化率、结茧率、虫蛹生命率以及茧丝质等都有所下降；采用单蚕定量添毒（APNPV）法测定被不良环境处理过的柞蚕感病情况，结果表明这些柞蚕对APNPV的感受性明显提高。老蚕区一般留毒（APNPV）量大，经不良环境条件致弱的柞蚕，就容易感染外界微量病毒而发病。至于不良环境条件能否诱导柞蚕体内潜伏型病毒活化而致病，尚待研究。

四龄以前的柞蚕，经高低温处理2~12小时，在自然环境放养中未出现较多的核型多角体病蚕；而经过38℃或43.3℃的高温处理五龄饷食蚕2~3小时，柞蚕自然发病率明显提高，热冲击之后再给柞蚕喷洒20分钟17℃冷水（洁净的深井水），柞蚕的自然发病率就更高。这一现象与蚕农生产实践相吻合。

采用"下河"方法收蚁，柞蚕往往发生较多的核型多角色体病，其原因是河滩环境潮湿、阴冷，人工插置的柞芽幼嫩，一龄蚕体态臃肿，体质虚弱容易感染病毒而患病死亡。因此，留毒量大的老蚕区，不宜采用"下河"的方法收蚁。

柞蚕食下过多的幼嫩柞叶，抗病力差，有经验的蚕农则根据柞叶老熟情况和当时气候，灵活技术处理。如在连阴雨时，就把四龄、五龄柞蚕撒在二三年生的老柞上放养；在天气干旱时，就饲育适熟的芽柞；为了避免稚蚕啮食过多的幼嫩叶，移蚕时便严格选用发育成熟的柞墩，留下发育迟缓的柞墩，作为以后匀蚕用备用墩；发现生长过嫩的芽条，便截去顶芽，力求所有柞蚕都吃到适熟的柞叶。预防柞蚕核型多角体病，我们认为严格消毒、提高柞蚕体质和改善环境条件三条措施都很重要。

（周怀民等《环境条件与柞蚕发生核型多角体病的关系》）

柞蚕脓病是一种病毒性传染病。发病时间多在四龄期、五龄期或营茧、化蛹前后，成为柞蚕生产中的暴发性蚕病。除有病原传染导致该病发生外，气象因子在发病中的作用如何，也有研究结果。

适宜的温度（22℃）是柞蚕幼虫期发育的良好生活条件之一。由于柞蚕饲养在野外，经常会遇到不适宜的高低温。河南省蚕农有"小蚕受冻""晒眠子""热猛雨"易发"老虎病"的说法，这些说法是否科学，需要验证。另外，为了预防脓病，提高柞蚕茧产量，河南省蚕业科学研究院于1959—1963年作了一些幼虫期的温度对脓病发生作用的探讨。

小结：

1. 五龄饷食蚕用43.4℃高温处理2～4小时或用38℃高温处理3～9小时，处理后即时喷洒17℃±2℃冷水，对脓病发生有一定抑制作用。

2. 蚕儿体质不健康时，在二龄眠中以38℃高温处理20小时亦能造成脓病发生。但对健康的一龄、二龄、三龄眠蚕无作用。

3. 四龄眠蚕用6.5℃、12.8℃低温处理60小时，有提高脓病倾向。

4. 未食叶或食叶二日的蚁蚕间断接触6天0℃低温对脓病发生无作用。

5. 三龄饷食蚕用38℃高温、0℃低温变换处理30小时，对脓病的发生无作用。

6. 四龄饷食蚕，用43.4℃的高温处理2～6小时或经高温处理6小时喷洒冷水，对脓病发生无明显作用。

（勇作全，李荣周《春柞蚕幼虫期高低温处理与
脓病发生关系的研究 1959—1963》）

1. 在春柞蚕生产中卵期过长（45 天），蚕卵在自然室温中缓慢发育，有效积温满 170℃时，不经孵卵，也可自行孵化出蚕；卵期短者，因感受外温相对减少，孵卵时间就要提前着手进行。

2. 卵期经过短的蚕种，孵化率高；卵期超过 30 天，卵重减耗率大，孵化率低。

3. 春柞蚕卵期经过的长短与柞蚕幼虫的生长发育具有密切关系。卵期短的柞蚕生命力强，发育整齐，结茧率高，茧质好。卵期越长表现越差。如卵期经过 24 天以内的试验区，结茧率高达 74％～80％；35 天的试验区，结茧率降至 65.4％；45 天的试验区，仅有 13.85％的柞蚕结成又薄又小的茧子。

4. 制取不同卵期的蚕种，在野外放养中，以卵期短的柞蚕，自然发病率低；卵期延长，虫蛹脓病率随之增多。

5. 通过抗病力测定证明：卵期短的柞蚕抗病力强；卵期过长，柞蚕体质差，对脓病病毒的抵抗力显著降低。不同卵期的柞蚕，于一龄、二龄再给予不同饲料喂养，取三龄饷食蚕进行抗病力测定，又证明：具有不同生理状态的柞蚕，对脓病病毒的抵抗力是：短卵期、适熟叶育＞短卵期、嫩叶育＞长卵期、适熟叶育＞长卵期、嫩叶育。

（周怀民等《春柞蚕卵期长短与胚子和幼虫生长

发育关系的研究 1971—1972》）

1. 正确选定收蚁日期，是防病增产的重要措施之一。不论高山区、浅山区，柞树生长发育都有一个幼嫩、成熟、老硬的共同过程，只是时间上有差异，如云阳和嵩县的栗树街柞树发芽期虽然相差半个月，只要收蚁时间适当，都能减少脓病危害夺取丰收。

2. 暴芽（嫩芽）饲料养蚕，蚕儿龄期经过短，体重重、茧重、脓病多。随着蚕儿食下暴芽时间的延长，脓病率显著提高。

3. 柞叶被蚕儿吃的越苦，脓病率越高，但薄芽饲育和暴芽饲育相比尤以暴芽为严重。

4. 高山区壮蚕期若多用嫩饲料养蚕，有提高脓病率的倾向。

5. 用病毒添食测定查明，同样毒量，嫩芽组比适熟芽组脓病率高。

根据各地气候条件和坡质柞树决定收蚁时间，看天气做好饲料调节，可以减少脓病危害，提高产茧量。

（勇作全等《饲料与柞蚕脓病发生关系的研究 1956—1971》）

（四）柞蚕核型多角体病发生的消长原因

不同龄期对核型多角体病抵抗性不同，小蚕抵抗力弱，如刚孵化的蚕每个蚁蚕吃下 5 个多角体发病率为 5.66％～27.2％。大蚕抵抗力强，如五龄蚕吃下 10000 个多角体发病率为 24.8％～51.06％，同一龄的蚕眠起对病毒病抵抗力弱，盛食期抵抗力强。

（1）前代发病重的柞蚕场再当作蚁场会使发病重。

（2）大蚕暴发核型多角体病的原因。

人们已经在经验中认识到，柞蚕核型多角体病"二眠见一面，老眠死一半"，大蚕比小蚕抵抗力强，已是常识性。但养蚕实践中往往核型多角体病小蚕零星发生，大蚕却大量暴发原因是：

1）卵面感染病毒，病毒在蚕体内有个繁殖复制的过程，到五龄时达到一定毒物量，引起蚕大量发病死亡。

2）蚕儿在一～二龄感染弱病毒，经一段潜伏期繁殖到大蚕时病毒达到一定量而发病。

六、防治方法

柞蚕核型多角体病的防治是以消毒为主进行综合防治，能取得良好效果。

（一）选育抗病品种，推广一代杂交种

全国在生产中推广柞蚕品种几十个，由于品种不同对柞蚕核型多角体病抵抗力差异很大，河39就比较抗核型多角体病，豫六号、七号等发生核型多角体病较多。另外利用推广杂交种实现稳产高产，例如河33×贵州101、豫大1号×贵州101等适宜在河南省推广应用。

（二）严格消毒

（1）蚕室蚕具消毒。把蚕室、蚕具先洗刷干净，把蚕室清扫干净，窗户用纸糊好，用3‰福尔马林在23℃条件下喷雾消毒密闭24小时，然后通风，或者用毒消散5g/m³消毒10小时。

（2）蚕室不易密闭的地方，清洗干净后，用20%～30%的石灰浆刷墙，蚕具可用5%石灰水泡60分钟或者用1%氢氧化钠水洗10分钟都可达到好的消毒效果。

（3）卵面消毒主要方法如下：

1）于20℃用1%苛性钠消毒1分钟，水洗净后再用10%盐酸消毒10分钟。

2）用0.5%的白碱（碳酸氢钠）水溶液浸泡3分钟并揉搓，脱去卵胶，在水里洗净脱水，于23～25℃用2%～3%福尔马林消毒30分钟。

3）于20℃用1%苛性钠消毒1分钟，再用5%硫酸消毒10分钟。

（4）卵面消毒后防止再感染。

1）卵面消毒后把卵保存在无毒保卵室内（小蛾房）。

2）运送消毒后的卵要放在无毒保卵盒中（孵卵盒）。

3）农村无专门无毒保卵室，消过毒的卵可用从未用过的用具和清洁房子保卵，以防再感染。

（三）防止蚕坡里的病毒传染

摘茧、保茧、制种时都要注意血茧的污染，放养时注意处理病蚕的污染，防止在蚕坡的感染。蚕坡中发生的核型多角体病蚕及时深埋或放入消毒缸中。

（四）加强种茧保护，防止受冻和伤热

一化性柞蚕区种茧保护可分为越冬前、越冬期、越冬后三个保种期。越冬前保种，时间是 10—11 月。这时气温渐降，可用室内自然温度保护，种茧厚度以 2～3 粒茧为宜，并常开门窗，做好通风、排湿工作。12 月前后，气温低时，种茧存放可加厚到 5 粒左右，这时宜选用保温效果好的保种室，温度保持在 0℃以上。越冬期保种，蛹已解除滞育，时间在 1 月，这时外温很低，必须用保温效果好的保种室，保种温度应控制在－2～2℃，防止受冻和伤热。

（五）在养蚕中要注意防止扩大传染

主要是局部发病和个体发病要及时处理，并用石灰消毒，对病死蚕要随时深埋或放入消毒缸中。

【拓展阅读】

1. 脓病病原大量存在于收蚁场所：蚕具、蚕坡等处，并通过一定途径感染蚕儿，这是脓病暴发的主要原因；出蚕偏早、选芽偏嫩容易削弱蚕儿抗病力，有利于脓病的发展；品种的抗病力有一定的限度，三九品种在病毒大、叶芽嫩的情况下也大量发病。

2. 留毒量大的保茧室（土质地面），用常规方法消毒不易彻底。采用挖换地面土壤而后消毒才能保证消毒效果。

3. 带毒顶筐用 2% 福尔马林液或 1% 石灰乳浸泡 30 分钟，消毒彻底。

4. 1% 石灰乳消毒蚕坡及叶面，防病效果为 40%～80%。

5. 高山壮坡以柞芽生长 10～15cm 收蚁较合适，是控制蚕期少发生脓病的重要技术措施之一。

6. 高山壮坡壮蚕期也不可选芽偏嫩。适熟偏老芽有利于防止茧期脓病的为害。

7. 抓"四无毒"（蚕卵、保卵工具、保卵室、收蚁场所），做好顶

15

筐、蚕坡消毒，抓适时出蚕，抓选场选芽等综合防病措施，是消灭和预防高山壮坡脓病的手段，单一的措施不可能获得良好的效果。

（勇作全等《高山壮坡脓病防治技术措施研究 1969—1971》）

1. 柞蚕脓病核型多角体在 1‰石灰乳中处理 30 分钟，失去传染能力。

2. 自然带毒顶筐在 1‰石灰乳、液温 25℃条件下浸泡 30 分钟，消毒彻底。

3. 自然留毒地面用 2‰石灰乳消毒，对表土消毒效果良好，对深层毒土消毒无效。

4. 自然带毒柞叶用 1‰石灰乳喷洒湿润，对减少病毒传染有一定作用，但不彻底。

5. 石灰乳对脓病多角体的消毒作用有一定的限度，病毒浓度大时无效，小时有效。因此消毒前房屋工具先洗刷，使病毒充分暴露，可以提高消毒效果。

6. 陈石灰（池灰）消毒作用稍次于新石灰。消毒时最好用新块灰。

7. 石灰乳对脓病只有消毒防病作用，无治疗效果。

（勇作全，周怀民等《石灰乳防治柞蚕脓病的研究 1970—1971》）

第二节　柞蚕非包涵体病毒病及质型多角体病毒病

一、非包涵体病毒病

（一）分布

分布在高寒山区。辽宁省、吉林省、黑龙江省、内蒙古自治区，主要是结茧前吐白色黏液而死。

（二）病症

多发生在五龄蚕中后期结茧前 5～6 天，病蚕行动呆滞，头胸萎缩，臀板变暗，肛门污染，病势再发展，蚕伏光枝顶端，头胸后仰，停止取食，口吐白色近似透明肠液（俗称白水），体躯更加缩小，体色变深没有把握力，多落地而死。死后尸体不溃烂，无腥臭味，逐渐萎缩变黄。解剖后可见中肠前部肿胀变大，围食膜破坏，内容物堵塞了消食管。

（三）病原

病原为柞蚕非包涵体病毒。

（四）发病因素

寒冷的二化一放地区、上代重的下一代也重、叶质不良，大龄树发病重。

（五）防治方法

（1）选育优良种茧。选无病种茧，北部地区无霜期短多选短龄品种放养。

（2）制种时严格选蛾，选优去劣。

（3）严格进行卵面消毒。

二、柞蚕质型多角体病毒病

此病国外有记载，国内尚无报道。

柞蚕细菌性病害

由细菌使柞蚕致病的病害归类为柞蚕细菌性病害，对这类病害的研究近几年进展较快，现有材料报道的有柞蚕空胴病、柞蚕细菌性中毒性软化病、柞蚕胃肠型软化病、柞蚕败血病。这些病害在我国柞蚕主产区都有轻重不同的发生，其共同特点是蚕体虚弱，蚕群发育不齐，行动呆滞，排泄稀粪，死后尸体多数软化。

第一节 柞蚕空胴病

柞蚕空胴病是最近定名的一种常见的柞蚕病害。在辽宁省柞蚕生产中平均发病率为 30％～40％，严重年份达 70％。全国其他柞蚕区也常有发生，为害情况轻重不一。应用苛性钠—盐酸（或硫酸）进行卵面消毒防治效果较好，有的年份，由于气候和叶质等原因发生还较重，在生产中并没很好解决。

一、病症

此病在小蚕期发病重，大蚕期发病轻，一般在眠中不发病，病蚕在眠起或眠起后第 2～3 天死亡，在眠前和眠中发病较轻，现将各变态期外部形态的症状分别描述如下。

（一）蚕期病症

1. 一龄病蚕

蚁蚕发病初期不爱活动，厌食、发育迟缓，病势再进展，停止食叶并排泄少量褐色稀粪。病重体缩小，死后大部分被风吹落，也有的病蚕由于肛门处排泄稀粪，把尾足黏附在柞叶上蚕体下垂而死。

2. 各龄眠起后发生的病蚕

二～三龄眠起的病蚕，眠蚕脱皮后，呆在就眠位置上，不取食，蚕体收缩，体色变淡，把握力很弱，死后蚕尸体大部分掉落地面。

四～五龄眠起的病蚕，眠起脱皮仍停留在就眠位置附近，也不取食，蚕体瘦弱，显得头壳大，刚毛长，有时排泄少量稀粪，临死时用尾足抱住柞枝，头部下垂而死，一般皮不破尸体不腐烂，无腥臭味。

柞蚕空胴病

（二）蛹期病症

患病蛹外部症状表现不明显，病重的在蚕茧形成以后，茧壳内靠近蛹的尾端被污染有痕迹。

（三）蛾期症状

患病轻的蛾外部不表现症状；患病重的蛾羽化晚，排泄灰色或灰褐色的尿，蛾的背血管两侧出现隐约不清的灰褐色双线。

二、病变

患病轻微的蚕，脂肪、血液、气管、神经等组织均正常，血液中无菌。只是在消食管内能检出柞蚕链球菌，病菌首先寄生中肠的围食膜，然后寄生圆筒细胞和杯状细胞。

患病重的蚕部分组织病变十分明显，寄生后的围食膜失去了原态，逐渐变得肥厚，并以透明的膜状物充满整个消化管的内腔，有的围食膜被破坏凝固成数个透明块状凝聚在中肠内。被寄生的圆筒细胞和杯状细胞有的萎缩，有的与肠壁剥离，失去了分泌消化液和吸收营养的功能。贲门和幽门失掉了控制肠液的机能。所以当中肠的围食膜和肠壁细胞被寄生后，柞蚕完全停食，肠内的残余食物以稀粪的形式逐渐排出，消食管内呈空虚状态，这在五龄后期特别明显。病蚕体腔其他组织，如脂肪、气管、神经、肌肉、体皮等虽然都很正常，但脂肪积累很少，血液也没有明显变化，从血液中可以培养出柞蚕链球菌。由于上述的病理变化，病蚕外部表现为停止吃叶，体腔空虚，蚕体瘦弱收缩，显得头壳大、刚毛长。病蚕死后若无腐生菌感染，尸体不溃烂，慢慢干枯。

三、病原

柞蚕空胴病的病原是细菌。经中国科学院微生物研究所鉴定命名为柞蚕链球菌。

（一）形态特征

革兰氏阳性，球形，多数成对排列，少数单个细胞或 3 个细胞排成短链状，不形成芽孢，也无荚膜和鞭毛。菌落圆形凸形，表面光滑闪光，边沿整齐，油菜花黄色，不透明。

（二）生理生化特征

柞蚕链球菌在 10～45℃ 均能生长，属于高低温均生长群。在

6.5％NaCl中和在 0.1％美兰牛奶中都生长，对柞蚕致病性强，喜碱忌酸。

四、传染规律

柞蚕链球菌是一种慢性致病菌，患病重的蚕在蚕期死亡，患病轻的蚕能够结茧化蛹，羽化出蛾。此菌随着蚕的变态，从蚕的中肠转移到蛹胃中，由于蛹胃液 pH 值是中性，不适于该菌繁殖，便潜存在蛹中与有病的越冬蛹共同渡过冬天。翌年暖种后随着蛹体发育，蛹胃膨胀以后柞蚕链球菌也开始活动，在胃液中还不能大量繁殖，当蛹化蛾以后，病菌便通过肠壁细胞的细胞间隙进入蛾体体腔内的血液中，随着血液循环扩散到蛾体的组织中。由于柞蚕链球菌喜碱忌酸，不分解脂肪，不水解淀粉，不液化明胶，蛾的血液 pH 值是微酸性，在脂肪组织中也不能大量繁殖，因而一般蛾体也不发生什么病变。当柞蚕卵巢管长成的时候，卵巢管内壁的 pH 值上升为 8.0，呈碱性，适合于该菌生长发育，这时柞蚕链球菌，穿过卵巢膜，在卵巢管的内壁上开始增殖，同时黏附在卵壳上，当成熟的卵通过输卵管向下排卵时，黏附有链球菌的卵被黏液覆盖，包上一层黏液。当卵孵化时，蚁蚕啃食卵壳，便把柞蚕链球菌食下，经口传染而发病，卵壳食下传染的蚁蚕一般在 1 眠就发病死亡，有的时候还比较重，经卵壳表面黏液包埋菌体食下传染，这是经卵传染的一种特殊方式，在其他昆虫疾病中还未发现。

另外柞蚕链球菌还存在病蚕的稀粪和吐液中，凡被含有柞蚕链球菌的粪便、吐液污染的柞叶被健蚕吃下就被感染，若遇连阴雨天或者蚕密放，这种病传染就更为严重。另外柞蚕坡上有一种麻蝇在病蚕排泄稀粪时，专找病蚕肛门处产蛆，这种通过麻蝇携带柞蚕链球菌在蚕坡传播而造成柞蚕蚕期感染空胴病也是一种传染途径。病蚕尸体带菌残留在柞蚕坡是否可以越冬，第二年是否有传染力尚待研究。

柞蚕空胴病的发病与蚕的饲料情况及气候变化情况有密切关系，稀放比密放的发病轻，卵期低温控制超过 30 天、蚕期低温持续时间长、孵卵期过于干燥都易感染此病。

五、防治方法

根据柞蚕链球菌主要是通过卵壳黏附病菌传给下一代的特点。防治此病的重点是卵面消毒，当然环境条件对蚕的生长发育是否有利于发病也有很大关系，这主要是通过放养技术来调节。

（1）卵面消毒。针对柞蚕链球菌喜碱怕酸的特点，经过多种消毒药剂试验筛选出用 5％的硫酸或 10％的盐酸消毒的办法。为了洗掉黏液防止病毒病，生产上采用苛性钠盐酸消毒法，即先用 1％苛性钠，洗掉卵面上的黏液（1 分钟），清水洗净，使病菌裸露在表面，再用 10％盐酸消毒 10 分钟（没有盐酸可用 5％硫酸消毒 10 分钟），清水洗卵阴干即可，这样配制的药每千克可消毒 2 千克左右蚕卵。

（2）选用无空胴病茧留种，一般要看蚕留种，空胴病重的蚕不能留种。

（3）适当稀放严防吃老叶、粗硬叶，饥饿，串枝，跑坡，致使蚕体虚弱，适熟期良叶饱食是防治此病的重要措施。

（4）随时妥善处理空胴病蚕。

（5）防治或捕杀柞蚕场内的麻蝇，以减少其携带病菌扩大传染。

（6）在卵面或叶面上喷洒保蚕宁有治疗作用。

第二节　柞蚕细菌性中毒软化病

柞蚕细菌性中毒软化病主要发生在黑龙江省柞蚕区，常年发病率可达 30％～50％。

一、病症

主要发生在大蚕结茧前，五龄发病，分急性和亚急性两种。

（一）急性

食下带有伴孢晶体的柞叶，蚕在4～5小时之后突然停止食叶，刚毛尖端弯曲呈波状，腹部痉挛扭曲，腹足和尾足丧失把握力，蚕体常常由叶面滑落，有的落地，有的以第一对胸足抓挂在叶缘上呈垂掉状，无风之日经1～2小时腹部略有恢复，蚕又抓附柞叶上，再经半小时之后，蚕体腹部又表现痉挛，口吐无色液体而死。刚死的病蚕体色很少变化，尸体强直有些萎缩，第1～2胸节稍见伸长。

（二）亚急性

食下病菌较少，蚕发病较慢，蚕逐渐食叶减退，刚毛不直，尖端逐渐呈波状断缺，多数爬在无叶的光枝上，体皮松软，胸部无力伸平，节间膜失去伸缩性，体色稍浅，俯伏在柞枝上不食不动。病势再发展，头胸部后仰发生痉挛性振动，多数口吐无色稠状黏液，尾部上排出褐色黏液黏附在肛门处，有的甚至脱肛，胸部略显膨大，肢脚麻痹落地而死。死亡后蚕体逐渐收缩，经2～3天体色逐渐变黄，胸腹交界处呈现淡褐色到黑褐色，黑褐色部逐渐伸展，一般尸体不溃烂，无腥臭味。蛾期尚未观察到此病症状。

二、病变

解剖病蚕，可以看到脂肪、气管、神经、绢丝腺组织均正常，但脂肪少，丝腺瘦小，血液不浑浊，中肠病变明显。急性者，中肠壁溃烂，溃烂部分变成无色胶状物，肠内食物未排尽，大部分或全部呈褐红色，常在中肠某部有穿孔，肛门部有软或硬的粪粒；亚急性者，中肠贲门瓣处膨大部分内充塞着透明的块状物，有的幽门瓣处也有少量凝聚状物，多数中肠空而无物，围食膜溃烂，失去原有的节间和色泽，结肠部也有淡褐色黏液，病重蚕死亡后肿胀部肠壁穿孔处外皮显褐色。

轻症者在血液中无伴孢晶体芽孢杆菌，但在中肠有，重症者在中肠中有伴孢晶体芽孢杆菌，血液中也有。由于病理性破坏致使中肠圆筒细胞和杯状细胞与肠壁剥离，组织受到破坏。蚕中毒后神经紊乱，但在神经上的病变尚未认真观察。

三、病原

柞蚕细菌性中毒病的病原经黑龙江省应用微生物研究所和黑龙江省蚕业科学研究所鉴定，命名为苏云金杆菌蜡螟变种。

（一）菌体形状大小

菌体杆状，两端钝圆，通常由此及彼 2、4、6 个短杆状菌体组成短链，在一定条件下形成芽孢。

（二）菌落

菌落呈灰白色，无光泽，时有皱，菌落边缘不整齐，有时呈锯齿状。

四、发病条件

据在黑龙江柞蚕区蚕场测定，在土壤、水、空气以及松鼠粪中都分离出此菌，它存在比较广泛。在不良条件下该菌产生芽孢有一定抵抗力。病蚕的脱离物、排泄物，特别是粪便中带菌较多，借助风、雨、昆虫、鸟兽携带传播。林业上应用生物杀虫剂也是病原来源之一，柞蚕直接吃到伴孢晶体发病快。饲养粗放、吃叶不好发病重。

五、防治方法

（1）消毒。经试验，用 3％福尔马林和植物性农药翻白草进行卵面消毒效果很好。

用 5％石灰乳和毒消散消毒蚕室蚕具效果很好。

（2）在蚕场比较多的黑龙江最好轮休放蚕，保持使用新场地放蚕，这样一来避免存留场地的病原菌感染。

（3）放养中要严格清理病死蚕，病死蚕要深埋，并防治传播病菌的鸟和松鼠等。

第三节　柞蚕胃肠型软化病

柞蚕胃肠型软化病俗称"屙烟油"病，为害程度仅次于微粒子病和脓病。河南省曾于1960年以前发生该病较多，此后越来越少。周怀民老师于1958—1966年针对柞蚕胃肠型软化病进行了调查并提出了防治意见。

一、对一化性柞蚕胃肠型软化病的调查

河南省饲养的一化性柞蚕，1960年以前发病较多，此后越来越少，在国营蚕场内基本绝迹。

一化性柞蚕胃肠型软化病变的病症：柞蚕一般于每龄饲食期发病，食欲减退，精神不振，体躯逐渐收缩。病蚕胃液清白色，pH值近中性。病蚕排黑褐色稀粪，并污染肛门。病势再一步发展，粪便呈灰白色。在眠中发生的病蚕，体躯略有收缩，尾部焦黑；病重者蚕皮多褶皱，不能脱去旧皮。有的病蚕由于体内营养物质消耗过多，体躯干瘪呈松软状，蚕农称之为"皮条"。有的病蚕腹中空虚，胃容物发酵产生气体致使蚕腹膨胀，蚕农称之为"空腹"。胃肠型软化病蚕一般经历5～6天才毙命，体色变化较慢，病死后由于细菌的繁殖，尸体逐渐变成褐色，有轻微臭气。

从一化性柞蚕胃肠型软化病蚕肠胃中分离病原，可以看到大部分病蚕被链球菌寄生。链球菌呈球形，一般两两相连，在分裂繁殖期呈长链状。菌体直径1.2μm，不产生孢子。

河南省过去（20 世纪 50 年代前）放养柞蚕，技术守旧，蚕种低劣，农家自留蚕种又保管不善，暖茧孵卵多用栎干明火熏烤，到了养蚕时期最易发生软化病蚕。自 1960 年前后推广一系列新技术（采用 33、39 新品种，火龙平温暖茧法，显微镜检种和卵面浴种消毒等），提高了养蚕技术和蚕种质量，胃肠型软化病随之减少。因此，软化病的发生，可能与柞蚕体质有关，当柞蚕生理受到某些障碍，体质减弱而导致链球菌的寄生，致使一化性柞蚕发生疾病。

二、对 1965 年柞蚕暴发软化病的原因调查

1965 年河南省春柞蚕发生一次严重的胃肠型软化病，从收蚁至营茧陆续发病死亡，给蚕茧生产造成巨大损失。

根据在鲁山县蚕区的调查，得知该县当年挂一化性种茧 1156 万粒；为补蚕种不足，又从辽宁采购二化性柞蚕种茧 1079 万粒，统一制种投入生产。蚕期发病情况是：在大面积生产中放养的 7140 斤（卵）二化性蚕种，软化病率达 50％以上；在丰产基点上（包括张庄、红石寺、盆窑等三个大队）放养的 167 斤（卵）二化性蚕种，软化病率为 5％左右；大面积生产放养的 8813 斤（卵）一化性蚕种，出现一部分微粒子和脓病，而软化病发生较少。由此看来，一化性柞蚕软化病少，而二化性柞蚕发病多；在不同的技术处理中，相同的二化性蚕种，实行 2‰福尔马林卵面消毒的发病少，不消毒的发病多，丰产基点消毒工作做得认真细致，则发病更少。鉴于上述情况，二化性柞蚕暴发软化病的原因，疑与蚕种有关，为了进一步证明这个问题，一方面从当地饲养的二化性柞蚕的病体胃肠中分离病原菌；另一方面又从辽宁蚕业科学研究所函索二化性柞蚕茧 48 粒，从中分离 406 号软化病原菌。然后进行试验，试验结果表明：在河南省饲养的二化性柞蚕所发生的胃肠型软化病与河南省一化性柞蚕所发生的胃肠型软化病截然不同；其病蚕症状和病原致病性，均与辽宁"空胴病"胃肠型软化病相似，

从病原形态和培养性状上看，依然是 406 号菌。406 号菌的致病力很强，病蚕排泄物中的病原可借雨水扩大传染，而且还能通过蚕种传下一代。自 1959 年起，该菌对东北二化性蚕区的为害越来越重，河南省从东北引用二化性蚕种，自然可以带来蚕病。但值得注意的是，406 号菌仅在河南省为害二化性柞蚕，一化性柞蚕未被侵染，1965 年以后，河南省全部改用当地选育的一化性蚕种，406 号菌随之消失。406 号菌后经中国科学院微生物研究所鉴定命名为柞蚕链球菌。

三、胃肠型软化病的防治意见

试验证明：河南省一化性柞蚕胃肠型软化病（俗称屙烟油）与辽宁二化性柞蚕胃肠型软化病（俗称空胴子或稀屎腚）是两种不同性质的软化病，因此防治问题应区别对待。

（1）河南省一化性柞蚕胃肠型软化病是生理性的，防治该病的发生，还应坚持选好茧、制好种和提高柞蚕体质的一贯做法。

（2）辽宁二化性柞蚕胃肠型软化病是细菌性传染病，二化性蚕区普遍发生，因而建议河南省各地今后不要随便引进二化性蚕种投放生产，若需引用，应当注意卵面浴种消毒。实践证明 2％福尔马林的防治效果不彻底。应配置 10％的盐酸或 5％硫酸，在 20～25℃的液温中，消毒卵面 10 分钟，方可防治该病的发生。

第四节　柞 蚕 败 血 病

柞蚕败血病系败血性细菌侵入柞蚕血液中大量繁殖，使蚕体内部器官组织逐渐解离液化，柞蚕表现出全身性症状，即为败血病。引起柞蚕败血病的病菌较多，常见的有三种：蜡状芽孢杆菌、灵菌和短杆菌等。

一、病症

1. 蚕期病症

败血病是一种急性病，柞蚕感染病原后，在 25℃温度中两天左右

柞蚕败血病

死亡。病蚕初期行动不活泼，食欲逐渐减退，终至停食。多数病蚕吐胃液，排不正形粪（包括连珠粪和稀粪），腹中空虚，体躯收缩而后膨胀，腹足尾足失去把握力，落地死亡，有的病蚕头部撬起，向背部弯曲呈倒 V 形悬挂在柞枝上。皮肤显现不定位褐色小斑点，同时发生抽搐现象。病势进一步发展，柞蚕迅速毙死，内容物液化；有的病蚕食欲不振，体躯逐渐瘦弱，皮肤生皱纹，数日后死于眠中或脱皮之际；个别病蚕发病缓慢，病蚕尸体色泽随菌种而异。如尸体呈黄褐色、黑褐色或红色。病蚕尸体腐烂时，放出恶臭气味。

2. 病蛹的特征

患病的蚕蛹从外观上看不出显著的症状，只能从头部颅顶板看出病程的变化。当颅顶板由白变褐色时，就表明蚕蛹的生命已经结束。蚕蛹被细菌寄生后，血液逐渐混浊，内部组织逐渐腐烂，流出液体，有恶臭。病蛹内容物的色泽也随菌种而异。

3. 蛾的病症

败血病蛾精神不活泼，腹部柔软，逐渐着色，背线色泽尤为明显。早期染病的蛾产卵少或不产卵，病蛾鳞毛易脱落，翅足易折断，尸体腐烂有臭气。

引起柞蚕败血症的病原细菌都能分解淀粉、脂肪、蛋白质并发酵糖类，在中性和微碱性环境中可生长发育。所以在蚕的血液中生长繁殖很快。由于病菌可以分解和发酵血液中的有机物，所以引起病蚕较快死亡并溃烂发臭。

二、传染途径

柞蚕败血病主要由病原菌通过伤口侵入而传染。小蚕群集，相互抓伤，易引起传染。大蚕期，如果移蚕粗放引起创伤或昆虫咬伤，病原菌都可通过伤口侵入引起败血病的发生。制种时，茧壳和蛾筐上可能存在病原菌，这些病原菌可通过蛾的伤口侵入，造成该病的发生。另外，败血菌也可通过食下进入蚕的消化管内，在蚕体健康的情况下不易引起蚕病，当蚕的抵抗力减弱或肠壁细胞因病受损时，败血病原菌通过肠壁进入血液引起败血病的发生。

三、防治方法

除常规进行蚕室、蚕具及卵面消毒防病外，主要防治措施如下：

（1）发蛾制种时，防止蚕蛾相互抓伤，应做到及时捉蛾、晾蛾。

（2）及时收蚁，采取边出蚕边收蚁，可防止相互抓伤感染蚕病。

（3）剪移时应做到带小枝，手要轻，装筐不能太紧，防止因剪移造成的创伤。

（4）随时收集病死蚕，放入消毒缸中，并带出柞园外深埋，防止扩大传染。

第三章

柞蚕原生动物病害

第一节　原生动物的特征、分类和微孢子虫类的特征

原生动物是许多单细胞真核生物的总称，在寄生虫学中称其原虫。原生动物是原始的单细胞动物，和真菌不同的是细胞构造进一步分化，细胞器能完成运动、摄食、消化和排泄等机能。但不能与多细胞动物的一个细胞等量齐观。

一、原生动物的特征与分类

原生动物是有完整性的，生物体所具有的一切主要生活机能，在生理上是独立的有机体，有同化和异化的新陈代谢，能运动，有的有尾足和鞭毛，有的在液体内作布朗运动，能繁殖，能适应不同的环境。

多数的原生动物被外质分泌的坚固的膜所包围，成一时的休止状态，称为孢囊。孢囊有四个机能：①保护在膜内，能耐不良环境；②作为增殖的一个阶段，成为细胞再构成和核分裂的场所；③以这种形态附着；④成为从宿主到宿主的传播手段。

原生动物是起源不同的庞杂而众多的生物，根据国际原生动物学会的方案及其修正意见，原生动物大致分为毛根足虫类、真孢子虫类、黏液孢子虫类、微孢子虫类和纤毛类。昆虫病原性原虫以微孢子虫类最多。微孢子虫是从原生动物到各种各样动物的专性细胞内的寄生物。总数约为 500 种，寄生于昆虫的占 40％。昆虫中多数寄生于鳞翅目、双翅目和鞘翅目中。宿主域一般侵袭同一科的数种昆虫，但其中涉及数科、数目的也有。用人工培养基尚未培养成功。

二、微孢子虫类的主要特征

微孢子虫类的主要特征是：形成内藏极丝的单细胞孢子。孢子多数呈卵形、椭圆形或洋梨形，外侧被 3 片层形成的壳所包围，其中厚层称孢子内壁，含几丁质。在其内侧有圆形质膜，外侧有蛋白性的孢子外壁。极丝是细长的管，其一端与成伞状构造的孢子壳的内面相密着，从此笔直地沿长轴方向走，在孢子后端部稍细，在孢子壳内侧卷曲成螺旋形。孢子有坚硬的外壳，能抵抗恶劣环境，寿命可达数年。在繁殖过程中能产生芽体和裂殖体。柞蚕方面，只发现一种原生动物病——柞蚕微粒子病。

第二节 柞蚕微粒子病

柞蚕微粒子病俗称锈病、渣子病、底子病、黑渣病等，是由一种原生动物寄生引起的为害很大的慢性传染病。在蚕的整个世代的发育过程中，都有这种病的发生。

一、分布与为害

柞蚕微粒子病分布很广，各蚕区均有发生。辽宁、山东、河南、贵州等蚕区发病较重，黑龙江、吉林地区发病较轻，从柞蚕主要产区辽宁来看，辽南和辽东较重，而辽北较轻。

对柞蚕微粒子病的发生、发展及防治的研究，据资料考证约有近百年的历史，早在 1907 年就有人开始研究。当时我国柞蚕微粒子病发生较为普遍,特别是 1928—1937 年,辽宁蚕区柞蚕微粒子病曾猖獗一时,被害率达 36%~57%。1949 年以前,蚕业生产遭到严重破坏,柞蚕微粒子病在辽宁、山东、河南等省一度蔓延,成为当时蚕业生产的主要病害。一般年份发病率都在 30%~70%。1949 年以后,首先建立了柞蚕良种繁育制度,同时采取了肉眼选蛾与显微镜检查母蛾相结合的办法,严格淘汰有病母蛾,使柞蚕微粒子病得到控制,其发病率显著下降。辽宁地区从 1951—1957 年连续 7 年发病率基本控制在 0.1% 以下。近年来,由于在蚕种生产上某些措施实施不力,柞蚕微粒子病又有抬头,这是一个应该引起蚕业界重视的问题。

二、病症

柞蚕微粒子病是一种慢性传染病,患病的蚕、蛹、蛾、卵各个发育阶段,均可表现出不同病症,蚕、蛹、蛾期更为明显。群体的症状是:蚕大小不匀,发育不齐,病重者不能达到三眠,病轻者可以营茧、化蛹及羽化产卵。

(一)蚕期病症

1. 小蚕期

患病的个体初期外表看不出明显的病症。逐渐可以看出食欲减退、行动迟缓、不爱活动、发育缓慢、蚕体瘦小,病势继续进展,病蚕体色变淡,把握力减弱,易被风吹落,不能进入三眠,胚种传染的蚕,三龄期死亡,三龄后的蚕在皮下出现褐色渣点。蚕群发育参差不齐,小蚕群集性差,随蚕龄的增加,蚕体大小开差越来越显著,病蚕体瘦毛长,群众称为"锈墩子"。

2. 大蚕期

患病的大蚕在体皮上呈现出不规则的褐色或暗褐色的小斑点,蚕体两侧气门线上下、前胸背部,小斑点更为集中,这些斑点可随眠起脱皮时一起脱掉,但不久又在新体皮上出现。患病重的蚕儿常常出现刚毛脱落、半截毛或黑毛现象。患病轻者可以营茧、化蛹、羽化成蛾产卵；患病稍重者可能营薄茧或畸形茧；患病重者有的吐平板丝，有的不吐丝，即赤裸裸的化蛹。

柞蚕微粒子病蚕

（二）蛹期病症

患病重的蛹，腹部环节收缩，颅顶板呈暗灰色，蛹体皮色暗淡无光泽。剖开蛹看内部组织，脂肪组织膨肿粗松，有时能看到深浅不一的红褐色密集的渣点，在腹部 2～3 环节的背面背血管两侧表现较为明显。蛹胃的形状不正，胃膜失去白色和光泽，有的在胃膜上出现褐色渣点。血液量明显减少，血液浑浊，黏稠度降低。

（三）蛾期病症

病蛾体形小，鳞毛稀薄不新鲜，易脱落，翅脉细而软，多拳翅蛾。蛾尿为褐色或灰褐色，节间膜不清晰，失去光亮，有的有密集褐色渣点，背血管两侧有隐约不清的红褐色双线。

（四）卵期病症

病蛾产卵量少，叠卵多，卵面上的黏液色深（黑褐色），蛾卵的黏着力差，不受精卵多。

33

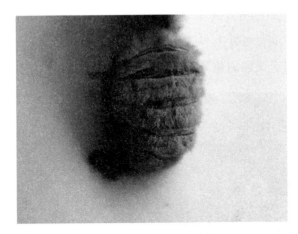

微粒子病蛾（1）

微粒子病蛾（2）

三、病变

微粒子原虫在蚕体各组织细胞内繁殖，分泌蛋白酶，液化细胞质，然后借渗透作用吸收营养，在细胞内并不产生毒素，所以致病作用弱，病程较长。由于微粒子原虫侵入消化管、血细胞、肌肉、脂肪、马氏管、气管、丝腺、生殖腺及体壁等各种组织寄生，各组织产生不同的病变。

（一）蚕的病变

患病的蚕儿多在消化管、体壁、丝腺、肌肉组织、脂肪等组织发生明显病变。

1. 消化管

消化管被微粒子原虫寄生后，孢子在管内发芽，侵入消化管的上皮细胞后在其中繁殖，使细胞显著膨大，使消化管出现斑点或黑色的病斑。微粒子原虫继续增殖，细胞膨大呈乳白色突出腔管，消化管功能减退，最后破裂，孢子逸散，随粪排出。所以表现出食欲不振，蚕体瘦小，发育缓慢，群体不齐等。

2. 体壁

微粒子原虫侵入蚕体壁组织细胞后，使真皮细胞形成空洞，膨胀而破裂。在此期间受到血液中颗粒细胞的包围，形成褐色斑，这些褐色斑被新生的真皮细胞填补覆盖，形成一个囊状物，所以在蚕体外表可以看出许多褐色的小渣点，形似胡椒面状。

3. 丝腺

丝腺病变明显。因为各部丝腺细胞均可被寄生，寄生后细胞膨大突出，形成乳白色脓包状的斑块，有的病变细胞与正常细胞相互夹杂，相间排列，成鞭节状，肉眼很易观察。丝腺被寄生后，失去了分泌绢丝物质的能力，因此重症的微粒子病蚕不能结茧或仅结薄皮茧。

4. 肌肉组织

寄生于肌肉组织细胞的裂殖子，沿着肌纤维的方向寄生，组织内的肌质大部分被融化形成空洞，所以仅有一些离散的肌核与肌鞘。肌肉附近的结缔组织同样受到破坏，肌肉失去了原有的收缩性。因此，病蚕行动迟缓，表现呆滞，把握力弱，易落地。病蚕体躯瘦小、萎缩。

5. 脂肪等组织

脂肪、马氏管、生殖细胞、神经、气管等组织细胞被微粒子原虫寄生后，细胞肿大隆起，呈乳白色或淡黄色。脂肪组织间出现联络松

35

弛，甚至崩溃，致使血液浑浊。生殖细胞（卵巢外膜、卵母细胞、滋养细胞、睾丸外膜、精母细胞）被微粒子原虫寄生是造成经卵传染的根源。马氏管被寄生，细胞肿胀，并引起尿酸的排泄障碍。

（二）蛹的病变

微粒子病蛹的病变较为明显。蛹中肠的病变：蚕中肠细胞被微粒子原虫寄生，失去了消化和吸收能力，到化蛹时，消化管中的内容物排泄不净，故在蛹中肠仍残留较多粗糙内容物，因此，蛹中肠收缩不紧，外形不正，中肠壁变黄，并且上面常有密集的小渣点。蛹体肌肉被寄生后，细胞肿胀呈乳白色变成黄白色到黄褐色，裂殖子在细胞间扩展寄生，使病斑连片，所以脂肪体上显现出不同的渣点。蛹体其他组织细胞被寄生后，细胞遭到最后破坏，被破坏的细胞残余物和微粒子孢子均散于血液中，使蛹的血液浑浊。血细胞被寄生后，最后使血细胞崩溃，孢子悬浮于血液中，使血液变浑浊，黏度下降，血液变暗。

（三）蛾的病变

蛾的血细胞和脂肪细胞的病变与蛹的病变相同。背血管两侧的围心细胞，能够吸收血液中的颗粒杂质，悬浮在血液中的孢子和崩溃细胞的残余物，被围心细胞吸收后积累在背血管的两侧，当积累到一定量时，背血管两侧就显现出隐约不清的黄褐色双线。

形成鳞毛的毛原细胞被微粒子原虫寄生后，裂殖子在毛原细胞中增殖，当该细胞形成鳞毛时，裂殖子与孢子随之转移到鳞毛基部，造成细胞营养受阻，导致病蛾鳞毛稀少、短小、毛色不新鲜，并且容易脱落。

雌蛾卵巢内的卵原细胞被微粒子原虫寄生后，当卵原细胞分化成卵母细胞和滋养细胞时，病原体也随之转移到卵母细胞和滋养细胞内寄生，从而影响卵粒形成，所以病蛾逐步变小，卵粒少。雄蛾的精子细胞被寄生后，不能发育成健全的精子。

四、病原

柞蚕微粒子病的病原是一类原生动物。在分类学上属于原生动物门，微孢子虫亚门，微孢子虫纲，微孢子虫目，无多孢子芽膜亚目，微粒子孢虫属，暂称柞蚕微孢子虫（微粒子孢子）。它的生活周期有孢子、芽体、裂殖体、孢子芽母细胞等不同发育阶段。

（一）孢子

长椭圆形，一端稍粗，一端稍细，有时呈卵圆形或梨形等。孢子无色，折光性强，孢子没有运动器官，自身不能运动，在光学显微镜下，可见孢子作布朗运动，呈现淡绿色，孢子比重大于水。

1. 孢子壁

孢子壁又称为孢子壳、皮膜或被膜，表面光滑，质韧而厚，厚度约为 $0.5\mu m$。孢子壁由三层组成：外壁、内壁和质膜。最外层是薄而有蛋白性的外壁；向内是转厚的中层称为孢子内壁，内壁含有几丁质；最内薄层是原生质膜。质膜内有原生质，具有两个原生质核。孢子可在孢子壁保护下抵御外界不良环境并长期保持孢子活力。

2. 极囊

孢子的前端有极囊，包括极帽、极丝和极体。极帽像个伞状的东西在孢子前端和孢子壁连接。管状极丝一端由极帽伸出，极丝在孢子内呈螺旋状，长短不一。孢子内部还有层状和泡状极体，后端具有后泡和后体。

3. 孢子发芽

孢子进入蚕的消化道，在碱性消化液的作用下，迅速吸水膨胀，靠压力把极丝弹出。弹出的极丝先端穿进组织细胞，与此同时孢子的原生质迅速地通过极丝释放出来。当孢子原生质和两个生殖核结合为一体时称为芽体。

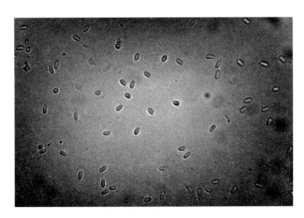

柞蚕微粒子孢子

（二）芽体

孢子发芽后释放出孢子原生质，称芽体。芽体圆形，具有单核。侵入中肠上皮细胞的芽体即在其中定位，开始无性的裂殖生殖。微孢子虫首先由核分裂成多核变形体，然后发生细胞质分裂，成为裂殖体。侵入体腔的芽体，在血液中仍可继续分裂，并随血液循环，侵入肌肉、脂肪体、气管壁、丝腺、体壁等组织。

（三）裂殖体

芽体在寄主细胞中定位，形成被膜，失去伸缩和运动能力，称裂殖体，卵圆形，裂殖子有多体酶，以分解寄主细胞中养分并加以吸收利用，同时继续进行二裂法增殖。分裂后形成的孢子芽母细胞。芽母细胞的被膜比裂殖子被膜肥厚。孢子芽母细胞肥厚的被膜，进一步演化成多层的孢子壁，出现极囊、极丝等内部结构，最后形成孢子。

（四）微粒子孢子的抵抗力

孢子是它在寄主体外保存、传播和侵染的形态。因孢子有坚实的孢子壁，使它对不良环境有较强的抵抗力。所以无论在寄主体内，还是离开寄主仍能较长时间维护其活力，但孢子的寿命与环境条件有密切关系。在低温、潮湿情况下孢子寿命长，相反在高温、干燥条件下孢子寿命短，有覆盖物保护的孢子比表面裸露的孢子寿命长。在 2%（含甲醛）的福尔马林液 23℃情况下浸泡 30 分钟，可使孢子失去活力。但在 21℃情况下，浸泡 30 分钟，孢子仍能保持活力；1%的苛性钠处理 60 分钟仍保持活力。柞蚕微粒子孢子随蚕被畜禽和人食下后，再随粪便排出，仍有很强的传染力。柞蚕场里的微粒子孢子，活力能保持 1 年以上。

五、传染规律

（一）传染源

微粒子原虫的传染源比较广泛，大致为受微粒子病原体寄生的蚕、蛹、蛾的尸体和卵；病蚕、病蛾的排泄物，如蚕粪、熟蚕尿、蛾尿等；病卵、病蚕、病蛹、病蛾的脱离物，如蚕蜕、茧壳、鳞毛、卵壳等；人、畜、禽、鸟、兽食下病蚕、病蛹、病蛾的排泄物；野外一些能与柞蚕交叉感染的患微粒子病的昆虫，如桑蚕、桑尺蠖、天蚕、樗蚕、蓖麻蚕、桑螟、纹白毒蛾、野蚕、美洲灯蛾、桑胡麻灯蛾、栎粉舟蛾和梨刺蛾的尸体及排泄物、脱离物等；另外，还有潜伏有大量微粒子孢子的蚕坡、蚕室和蚕具。

（二）传染途径

微粒子病的传染途径主要是胚种传染和食下传染两种。

1. 胚种传染

胚种传染是本病主要的传染途径，胚种传染即微粒子孢子可以通过病蛾产下的卵传染给下一代。经胚种传染而发病的幼虫，因胚胎期已感染，所以在幼虫期死亡。

在雌蚕、蛹、蛾血液里的微粒子裂殖子，能侵入卵巢膜、卵管膜、包卵膜寄生繁殖，也能侵入卵巢，寄生于卵原细胞内，当卵原细胞分化为卵母细胞时，卵原细胞内的裂殖子就可能转移到卵母细胞和滋养细胞内。另外，在卵原细胞分化为卵母细胞和滋养细胞时，芽体也可以侵入卵母细胞和滋养细胞内。这样，在卵的成熟过程中，就会出现以下三种不同的寄生情况：

（1）卵内的卵母细胞和滋养细胞都被寄生。

（2）卵内的卵母细胞被寄生，而滋养细胞未被寄生。

（3）卵内的卵母细胞未被寄生，而滋养细胞被寄生。

卵内的卵母细胞，将与精子结合后发育成胚胎。第（1）、第（2）两种情况，由于卵母细胞被寄生，裂殖子和孢子在细胞质内进行繁殖，使细胞质遭到破坏，细胞核逐渐缩小，失去生活机能。这样卵产下后多为不受精卵或死卵。第（3）种情况由于卵母细胞未被寄生，其生活机能正常，所以能正常受精。寄生在滋养细胞内的裂殖子或孢子，在胚胎形成或发育过程中转移到胚胎体内，这样的胚胎能导致经卵传染（胚种传染）。经卵传染又依微粒子孢子侵入的时期不同，分为胚胎发生期经卵传染和胚胎成长期经卵传染。

胚胎发生期经卵传染：卵产下后，直到胚胎形成的过程中遭到微粒子原虫的感染。这些胚子不能再继续发育，而成为死卵。

胚胎成长期经卵传染：在胚胎形成时，胚胎本身没有感染微粒子原虫，病原体只在卵黄中存在。在胚胎发育初期，各组织器官尚未形成，主要靠胚胎体表的渗透作用吸收营养。因此卵黄中的病原体不能侵入胚胎。在反转期后，当胚胎开始以脐孔摄食营养时，卵黄中微粒子病原体就随同进入胚胎的消化管内，感染繁殖。这样的卵孵化出的蚁蚕则成为经卵传染的个体。在同一个病蛾所产的卵中，以迟产出的卵感染率高。

雄蛾感染本病后，微粒子原虫可侵染睾丸、精原细胞、精母细胞及精囊。被寄生的精母细胞不能发育正常的精子，成熟的精子不能被微粒子原虫寄生。寄生在精囊的微粒子孢子，当交配时可以随精液进入雌蛾的贮精囊及受精囊。微粒子孢子不能进入卵孔，所以不会造成经卵传染。但孢子能黏附在卵表面造成食下传染。

2. 食下传染

蚕食下黏有微粒子孢子的卵壳或柞叶而感染蚕病。食下传染发病的幼虫，发病慢，从感染到死亡的时间，因感染时期和感染剂量而不同。幼虫期感染的个体大多数能化蛹、羽化产卵传给下一代。食下传染分为卵壳传染和柞叶传染。

（1）卵壳传染。在蚕卵表面黏附有微粒子孢子，当蚁蚕孵化时，食下了附有孢子的卵壳而感染。在柞蚕上通过卵壳传染的机会很多：一种是黏附有孢子的蚕卵没有进行卵面消毒（因为制种时蚕卵要接着蚕室、蚕具、茧壳、很多产卵的蛾及工作人员，都随时有接着孢子的可能）；另一种是卵面消毒虽然进行了，可是消毒后接触到有孢子的蚕室、蚕具等，再次把孢子传到卵壳上来引起卵壳传染。

（2）柞叶传染。蚕食下被柞蚕微粒子孢子污染的柞叶而染病。在柞蚕饲养过程中传染的机会很多，蚕室、蚕具消毒不彻底或不消毒而造成小蚕食下被污染的叶子传染外，蚕坡里能与柞蚕微粒子病交叉感染的其他患病昆虫的尸体、排泄物、脱离物污染的叶子都能引起传染。另外，食下有病的蚕、蛹、蛾的鸟、兽、家禽、人，在蚕坡里排的粪便都能污染柞叶，造成食下传染。

3. 柞蚕微粒子病的发生与消长

（1）母蛾患病的轻重不同，所产下的卵感染程度不同。患病重的母蛾，产下的卵，能全部被感染；患病轻的母蛾，对蛾卵的感染程度不同。

（2）不同的柞蚕品种对柞蚕微粒子病的抵抗力和对子代的传染程度也不同。比如河39就比较抗病，多丝量品种比如豫7号、宛1、宛2等抗病力较弱。

（3）蚕的不同发育时期对柞蚕微粒子病的抵抗力不同。小蚕期（一～三龄）、起蚕、饥饿蚕抵抗力差，感染后病程短，死亡率高；而大蚕期（四～五龄）抵抗力比小蚕期强，即使感染上微粒子病，也可做茧。

（4）温度高、湿度大，有利于微粒子病的发生。高温高湿的环境条件有利于病原的增殖，加速和加剧发病。

（5）采取不同的放养方法，微粒子的发病率不同。采用偏墩收蚁比采用顶枝收蚁发病率低，因为偏墩收蚁，蚕粪直接落地不污染下面柞叶，而顶枝收蚁，蚕粪落到下部叶子上，随粪便排出孢子污染柞叶，而造成食下传染。

六、微粒子病的显微镜检查

显微镜检查有无微粒子孢子是确诊微粒子病的依据。淘汰患微粒子病蛾产的卵是防治柞蚕微粒子病的重要措施。

（一）孢子与孢子类似物的区分

可取蚕、蛹、蛾的血液、消化管或腹部，加入1‰氢氧化钠研磨，制成临时标本镜检。成熟孢子长椭圆形，折光性强，呈现淡绿色，边缘整齐，常沉在标本的下层。镜检时若混有花粉、真菌孢子等与微粒子孢子相似物时，可采取加入药物和染色进行区别：加入碘液，可使花粉染成蓝色；加入30％的盐酸，在27℃下放置10分钟，则微粒子孢子变形消失，真菌孢子形状不变（真菌孢子细胞壁是纤维素，能抵抗酸的腐蚀）。

（二）提高镜检效果的方法

（1）改变受检材料的环境条件，使受检材料中的芽体、裂殖子尽快转为孢子体，增加孢子密度。本办法不常用。

1）推迟检查法，把产过卵的蛾子放置一段时间推迟镜检，让蛾子逐渐衰老近于死亡，蛾体内代谢急剧变化，促使寄生体内的微粒子原虫转到孢子体，增加孢子密度。

2）烘干检查法，把镜检母蛾放在60℃的高温下，经25小时烘干，在蛾体迅速失水的情况下，体内寄生的微粒子原虫也转变为孢子阶段，能提高检出率。

（2）通过离心沉降的方法，使孢子集中来增加孢子密度。本办法不常用。

1）自然沉降法，将母蛾的研磨液装入试管里，塞好棉塞，再将试管倒置24小时，然后用棉塞点片子，进行镜检。利用孢子比重大的这一特性，在试管倒置时孢子自然沉降到底部棉塞上，用棉塞点片，孢子密度大，能提高检出率。

2）离心沉降法，将母蛾研磨液装入离心管，用2000转每分钟的速度离心20分钟，取离心管底部的沉降物制片，孢子密度大，提高检出率。

（3）改进镜检方法，增加检出概率，提高检出率。本办法在生产当中经常用到。

采取对检、复检、监督检查等。对检就是一个样本同时制两张片子，两个镜检员各检一张片子，增加检出概率。复检就是一个样本做一张片子，第一个镜检员检查完再交给第二个镜检员检查，也能增加检出概率，提高检出率。另外，对镜检员检过的片子随时抽查，这样来监督镜检员认真检查，提高检查质量。

七、防治

（一）繁育无微粒子病的蚕种，杜绝母体传染

繁种部门应认真贯彻"柞蚕良种繁育规程"，制种期应采取目选与镜检相结合的方法；蚕期采取分区放养，预知检查，严格淘汰病、弱蚕；认真做好种茧检验工作，严格制止不合格蚕种用于生产。

（1）目选与镜检相结合，是防止微粒子病母体传染的重要措施之一。目选认真淘汰病、弱蛾，然后再进行单蛾袋制种，显微镜检查，彻底淘汰有病蛾和它产的卵，防止微粒子病的母体传染。

（2）分区放养，预知检查是防止群体互相感染和便于淘汰有病蛾区的方法。种茧生产应采用单蛾区或分区放养，二眠或三眠时镜检各

区弱小蚕，凡检出有微粒子病的蛾区全部淘汰。

（3）严格淘汰弱小蚕。二眠、三眠、四眠就眠时将迟眠蚕提出来单独放养。进茧场时，营茧达到 80％时，将尚未营茧的蚕提出来另行窝茧。这些单独放养和单独窝茧的都是病蚕、弱蚕，都不能用作种茧。

（4）认真做好种茧检验工作。种茧检验工作是保证蚕种质量的重要措施。生产的各级蚕种必须达到规定的健蛹率指标，不能超过规定的微粒子病率，不合格的蚕种不能投入生产。这样就防止了微粒子病的传染与蔓延。

（二）彻底消毒，防治食下传染

（1）严格进行卵面消毒。收蚁前，一定进行彻底的卵面消毒。如采用含甲醛 3％的福尔马林溶液，药温保持在 23～25℃，浸药 30 分钟。将黏附在卵面的微粒子孢子彻底杀死。消毒后防止再感染。

（2）蚕室、蚕具彻底消毒。在认真清扫、洗刷后密闭，补湿到相对湿度 80％以上，补温到 23℃以上。用含甲醛 3％的福尔马林液喷洒消毒，密闭 24 小时。然后用"毒消散"5g/m³ 药量进行熏烟消毒，密闭 10 小时以上。

（3）室外环境认真消毒。环境消毒可采用含有效氯 2％的漂白粉液或生石灰撒布。

（4）严肃处理病蛾、病卵、病蚕、病蛹。制种期目选和镜检淘汰的病蛾、病卵，制种剪下的足和翅及废蛾，镜检的残液、污水，蚕期的病蚕、尸体都要严肃处理。深埋是一个较理想的方法。绝对禁止在蚕坡上乱丢，成为传染源。

（5）创造适宜的条件，加强饲育管理。保种和制种期，防止环境潮湿。根据不同龄期蚕儿对环境条件和饲料的要求，进行饲料调节和饲育环境的选择。既控制了病源又提高了蚕的健康水平，增强抗病能力。

（6）蚕坡消毒。我国在养蚕实践中，积累了许多宝贵的经验，其中辽东地区用火烧砍伐更新过的蚕坡，可以减少或消灭部分病原物，消灭蚕坡潜伏害虫，防止交叉感染，减少传染源。

（三）其他防治方法

（1）防治与柞蚕有交叉感染微粒子病的柞蚕坡害虫、栎粉舟蛾和梨刺蛾。

（2）防微灵药物的使用。

（3）三龄分区放养。

【拓展阅读】

1. 从试验看出，五龄感染微粒子病的"豫6号"蚕蛹，于10月上旬在电热鼓风干燥箱中用44℃处理8～10小时，其防治效果可达65.88％～95.29％，二化种"802"在1月上旬用42℃处理9～13小时或44℃处理6～10小时的防治效果可达100％。这一结果证明，高温处理对于感染微粒子病晚而且轻的柞蚕蛹，可以防治微粒子病胚种传染。但是对于那些在自然环境中感染的发病程度差别较大的微粒子病蛹，其防治效果如何，尚需进一步探讨。

2. 从高温处理的防治效果看，二化品种的防治效果大于一化品种，这可能与一化品种滞育期长，体内营养消耗过大，体质不如二化品种强健有关。从我们近几年的试验中已经看出，高温处理的防治效果与蚕种本身的强健度关系极为密切。

3. 试验中还发现，在高温对微粒子病防治有效的处理范围中，高温对蚕蛾的羽化率稍有影响，有少数死亡现象。对此我们也作了进一步的调查，发现在死亡的个体中，90％以上是由于患微粒子病的缘故；只有10％的蚕蛹是无病死亡的。经分析认为，这可能与高温处理的物理筛选作用有关。在高温条件下，那些发病严重的个体及体质极度虚弱的个体，经受不了高温的强烈刺激而死亡，然而这些病弱者是迟早要被淘汰的。所以羽化率的降低不会给种场带来经济损失。

（褚金祥等《高温处理柞蚕蛹防治微粒子病胚种传染的研究》）

八、柞蚕微粒子病防治技术规范

柞蚕微粒子病的发生和流行，不是由某一因素单独作用造成的，而是由病原的感染、蚕体的生理状况和环境条件等多方面共同作用的结果。因此，在防治中应贯彻"预防为主，综合防治"的方针，这样才能收到良好的效果。

（一）在病原防治上

在病原防治上要以防治胚种传染和胚种传染个体形成的食下传染为主线，采取措施如下所述。

（1）高温处理柞蚕蛹，防治胚种传染，具体做法如下：

1）按省良繁标准规定选择合格种茧。

2）处理前做好调试室温（温度稳定在50℃），雌雄分离工作，注意在种茧处理前防止过量使用敌敌畏。

3）于10月上旬至10月下旬进行高温处理，33、39的标准是44℃，9.5～10.5小时；6号的标准是42℃，9.5～10.5小时。

4）处理结束后，要加上标签以区分其他种茧，对于处理过的种茧因对温度反应迟钝，应提前3天加温暖茧。

5）高温处理应注意处理室不能有异味，特别是化学药品之类，雄茧不能处理，处理完要保持干燥，温度均匀，以免产生不良影响。

（2）加强显微镜检种，严防漏检、误检。

1）镜检前要根据生产规模，配齐检种工具，做好职工培训工作，特别是司检员，必须达到准确识别不漏检、误判；并做好严密的组织分工，各把一关，明确责任，落实到人。

2）提高制板质量。制片时要注意以下几点：第一，点液内必须加1％的KOH；第二，点液适量；第三，制板时，木棍应在蛾腹部和蛹背部，挑出脂肪充分研磨；第四，严禁用蛹血或蛾尿制片；第五，将盖片轻轻压实，不要使盖片浮在上面。

3）正确使用显微镜检种。镜检时必须找到流动液体的下层，镜检视野应不少于 5 个，且必须顾及四边、中央等不同方位。要防止镜头沾上水或脏物，一旦被污染应立即用擦镜纸轻轻擦净，以防碱水腐蚀镜头。镜检光线要适当。一旦发现有毒区号，不能记错。要有专人淘汰病蛾卵，按蛾袋顺序与有毒号反复核对，有疑问的，尽量查明，查不明的就全板淘汰。

（3）做好迟眠蚕检查淘汰工作，防止漏检个体的蚕期食下感染。饲养原母、原原种的单位应对一～三龄迟眠蚕进行检查，将有病区的蚕连同被污染的枝叶一并剪下，集中烧毁，地面用 1% 石灰水消毒，防止扩大感染；原种和普通种是采用混育方式饲养，如果发现该批三龄迟眠蚕带毒整批移出繁育区做丝茧处理。

（4）严格消毒，减轻病原污染，防止引起食下传染。

1）蚕室、蚕具及周围环境在制种前后要按照"一扫、二洗、三刷、四消"的原则，彻底消毒。消毒过程中要做到以下几点：一是房舍、环境要扫净，不给病原留窝藏场所；二是用具要洗净，使病原充分暴露，提高消毒效果；三是蚕室及环境的泥土地面消毒前应刮去 1 寸左右的泥土，集中制肥；四是消毒时药物浓度要配准，药液要喷匀，消毒要全面，且必须满足作用条件；五是消毒药物要选择具有高效、广谱、稳定性能的"菌毒灵"较好，可以避免进行有效含量测定，确保消毒药物质量；六是消毒后要管理好，以防再次污染。

2）蚕卵浴消后到出蚕前有 15～20 天保卵期，再次受污染的机会很多，因此在出蚕前 1～2 天，再用 3%HCHO 液，23℃作用 30 分钟，脱药晾干，放入无毒保卵盒内收蚁上山。

3）稚蚕场及收蚁用具，在收蚁前 3 天，用 1% 的漂白粉液喷洒地面或在出蚕前一天，用鲜石灰水进行叶面消毒。蚕坡应建立消毒池，每次移蚕前后所用的蚕筐一定要用 1% 的漂白粉液浸泡，也可结合移蚕用0.4％的漂白粉对蚕体进行喷洒消毒。

（二）在蚕体生理方面

在蚕体生理方面要以提高蚕儿抗病力为基础，改善传统的选种、留种、制种方法。

（1）选用如33、39、河41、早1、39×101、39×早1等抗病力强的品种。也可以从一化和二化地区调入一些二化率低的品种进行远缘杂交，如吉林的吉一化、802、882、选大一号等，用四川、贵州的一化品种与当地一化品种杂交，抗病增产效果更佳。

（2）搞好品种复壮，增强蚕儿抗病能力。将本地的品种选择纯度高、性状好的到外省或本省不同地区饲养，进行异地复壮。

（三）在饲养方面

在饲养方面要以改善蚕儿对病原敏感期（三龄、四龄）的饲养方法为重点。

柞蚕在不同的发育龄期中，以三龄期抗病力最低，因此，做好三龄期的防病管理工作对于整个蚕期具有重要的意义。要求做好以下几点：第一，三龄场在用前2天用0.5％的漂白粉液进行叶面消毒；第二，严格淘汰二龄迟眠蚕；第三，选择适宜饲料，稀放勤匀，注意吃叶程度，防止蚕儿吃低层柞叶。

（四）在改善饲育环境方面

在改善饲育环境方面要以改变收蚁方式为突破口。创造条件，提早收蚁时间，以避免后期干热风对四龄蚕的危害，减少农忙矛盾对收茧的影响。在生产上可采用小蚕室内育或固定蚁场塑料薄膜覆盖育提早收蚁，主要技术如下所述。

1. 小蚕室内育

（1）严格消毒，对养蚕的环境、房屋、用具、衣帽、鞋等均要消毒。先用菌毒灵喷消，再用968熏烟消毒，衣服、蚕筷等要高压灭菌。

（2）饲育工具用罐头瓶或玻璃缸。

（3）收蚁当天 20℃，一～二龄白天 24℃，夜晚 18～20℃，湿度 80%～90%，光线均匀，空气新鲜。

（4）饲育及除沙。

1）采叶。在无毒的坡上，采适熟柞叶，放入消过毒的匾内，上用湿布盖上，拿回蚕室，放入净水池中，以防凋萎。

2）给叶。给叶前应先用 1% 漂白粉水洗手，并用酒精或碱水消毒蚕剪，将柞枝剪成 10cm，带叶枝条放入瓶（盆）内，随蚕体增长而逐渐扩展，每天早晚 6 点各喂一次，不能喂水叶。

3）除沙。一龄收蚁 3 天、眠前、二龄起每天各除一次沙，每次除沙后要进行全面消毒。

4）眠中保护。蚕大批就眠后应对迟眠蚕用鲜叶催眠（将迟眠蚕单挑在瓶、盆内一边），90% 就眠就注意保持蚕座干燥。

（5）上山前准备。

1）在准备上山的前一天下午，减少给叶，停火降温，开窗，第二天早上送蚕上山。

2）清理柞墩，并绑把搭铺。

（6）选择晴天移蚕上山，上午 8 点向柞墩上移放，放蚕位置不宜偏下。

2. 固定蚁场塑料薄膜覆盖育

（1）覆盖催芽。覆盖日期应根据柞树发育情况，不宜太早。固定蚁场芽子比自然蚕场提前 3～5 天即可（一般在 3 月 15 日左右）。覆盖前应将场内枯枝残叶清理干净，然后用 1% 的漂白粉进行全面消毒。

（2）灭虫。在收蚁的前 8 天用辛硫磷对蚁场地面喷洒。

（3）收蚁准备。在收蚁的前 2 天，应将收蚁所用的工具及收蚁人员的衣服、帽洗消干净，蚕卵二次消毒，蚁场用 1% 的石灰水全面喷洒，消毒备用。

（4）收蚁及管理。选择晴天收蚁，放蚕密度适当，蚕要放稳以免落地，收完蚁将塑料薄膜四周用土封好，以免害虫进入。

（5）注意事项。当白天温度高于30℃时，应揭开通风孔通风降温。正常情况下每天中午揭开通风孔半小时换气，要注意防虫、防病。

第四章

柞 蚕 真 菌 病 害

柞蚕白僵病是常见的一种真菌性病害，因病蚕死后硬化，所以又称硬化病。

第一节 病　　原

柞蚕白僵病的病原为白僵菌（Beauveria bassiana），属于半知菌纲，丛梗孢目，丛梗孢科，白僵菌属中的球孢白僵菌。菌体生长发育周期中有分生孢子、营养菌丝、短菌丝和气生菌丝等阶段。分生孢子多数呈球形，直径为 $2\sim3\mu m$，无色透明，孢子堆在一起，外观呈白色粉状。营养菌丝无色透明，有分枝，有隔膜，为多细胞菌丝，菌丝宽约 $2\mu m$。短菌丝分布在蚕体内，形状为短棒状或椭圆形。气生菌丝无色透明，有分枝、隔膜，宽约 $2\mu m$，其上着生瓶状分生孢子梗，顶端呈之字形弯曲，小梗着生在弯曲处，由此着生分生孢子。

第二节 病　　症

白僵病主要发生在大蚕期，特别是五龄期，雨水多的年份及密度大的蚕场发病较重。采用小蚕保护育，如消毒不彻底，也易发生白僵病。

感病初期，病蚕食欲减退，体色稍暗，反应迟钝，行动呆滞。体壁，尤其在气门周围及腹足附近，出现褐色针状病斑，死前排软粪，体柔软，倒挂或落地而死。死后尸体有弹性，渐变硬，并带有桃红色，从气门、口器及节间膜等处先长出气生菌丝、分生孢子梗及分生孢子，最后尸体布满白粉状分生孢子。在五龄后期被寄生的，尚可以营茧，但多数不能化蛹而死亡，成为"干涸茧"，河南俗称响茧。蛾期很少发生白僵病。病蛾初期无明显症状，拆对后不活泼，蛾肚硬化，不产卵。

柞蚕白僵病病蚕

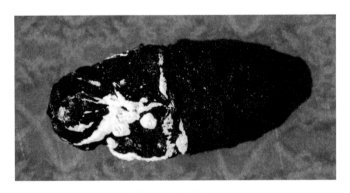

柞蚕白僵病病蛹

第三节 病 变

一、体壁病变

白僵菌侵入体壁后，形成暗褐色的针状斑点。这是由于体壁真皮细胞内侧的血细胞发挥防御机能，并形成黑色素沉积的结果。病蚕死后，菌丝开始腐生生活，在适宜的温度下，体内营养菌丝长出体壁，并长出分生孢子，体壁上布满粉状分生孢子。

二、血淋巴病变

白僵菌分生孢子侵入蚕体内首先寄生在血淋巴中，由于营养菌丝、短菌丝的不断产生以及淡红色素和草酸钙结晶的形成，使血淋巴失去透明性而浑浊不清，改变了原有的理化性质，不能进行正常血淋巴循环。

白僵菌菌丝在血淋巴中增殖，并随血淋巴循环侵入各种组织细胞，如脂肪体、肌肉、消化器官等，在细胞内吸收营养和水分，使细胞萎缩并解体，同时由于白僵菌毒素的作用，使蚕迅速死亡。

第五章

柞 蚕 寄 生 虫 病

第一节 柞蚕饰腹寄蝇

柞蚕饰腹寄蝇（Blepharipa tibialis chao）别名柞蚕寄生蝇，俗称蛆蛟、蚕蛆。属双翅目，寄蝇科。

一、分布与为害

（一）分布

在辽宁、吉林、黑龙江、河南等省发生。

（二）为害

以幼虫寄生春期柞蚕。辽宁发生十分严重，一般被害率在 20%～70%，严重时可达 100%。河南一般被害率在 10%～20%，严重时可达 60%～70%。由于灭蚕蝇 1 号等药物研制成功，其为害已基本得到控制。

二、形态特征

1. 成虫

雄虫体长为 10～13mm，体色黑。头部覆金黄色或淡黄色粉被，具丝绸光泽，眼后鬃苗壮，额鬃下降到侧颜，一般达触角芒着生处的水平或更低些；胸背具有五条狭窄的黑色纵带，后足胫节背前方的梳状鬃毛长短一致，排列紧密；腹部呈三角锥形，腹背稍扁平，背面黑色，第2～4背片两侧及腹面具棕黄色花斑，腹部覆盖灰或黄色粉被，第2、3背片上粉被较稀薄，第4、5背片上较浓厚，在第4背片上形成一倒三角形粉斑，第3背片上一般具一对中缘鬃，第5背片上具数根细长的鬃。雌虫体长为9～12mm，灰黑色。全身覆以浓厚的灰色粉被，但腹部第3～5节背片沿后缘1/3部分无粉被，各形成一黑色横带。腹部两侧的棕黄斑不明显。后足胫节背鬃长短不一，排列较疏松。

柞蚕饰腹寄蝇（♂♀）

2. 卵

前端尖，后端钝圆，呈瓜子形。长为270～333μm，宽为166～208μm，厚为145～187μm。灰色，卵背面隆起，腹面扁平，背及两侧有明显的网状刻纹。

3. 幼虫

蛆型，老熟幼虫体长为4.0～15.5mm，体宽为1.7～2.7mm。第二体节后缘有黄褐色前气门群，由5个小气门组成。第五体节的两侧具一对圆孔，腹部末端呈刀切状，其上具有2个气门盘，每个盘上有气门1个，称后气门。气门板为黑色，气门周围具有3个弯曲的气门裂，为淡棕色。

4. 蛹

围蛹。长椭圆形，前端略尖而后端较钝。长为 8～11mm，宽为 3.6～5.5mm。赤褐色，表面平滑，分节不甚清楚，但有灰色或黑色条纹可以区分。

三、防治

（一）药剂防治

用灭蚕蝇 1 号喷叶喷蚕杀蛆。用 25％的灭蚕蝇 1 号乳油的 300～400 倍液，即有效浓度为 0.05％～0.08％，于幼虫老眠起后 4～8 天，用喷雾器将药液喷在柞叶和柞蚕体上。喷至叶尖滴水为止。喷药要周到，不能漏墩漏枝。应特别注意每墩树上撒的蚕不宜过多，保证蚕吃喷药的柞叶 4 天以上。喷药后遇雨应重喷。

（二）放养技术防治

适当早摘茧是防治此虫的一项重要措施。蝇蛆一般都在蚕营茧后的第 5 天开始脱出，6～8 天最多。因此，在脱蛆之前，将茧摘回集中放置在硬实的地面上（防止蝇蛆入土），收集脱出之蛆杀死。可减少寄蝇的越冬基数。

第二节　蚕饰腹寄蝇

蚕饰腹寄蝇（Crossocosmia zebina walker）别名家蚕饰腹寄蝇。属双翅目，寄蝇科。

一、分布与为害

（一）分布

在河南、贵州、湖南、广东、辽宁等省发生。

（二）为害

此虫主要在河南、贵州蚕区为害，是河南、贵州柞蚕生产的大敌。春、秋蚕都能为害，以秋蚕受害最重。一般寄生率为 10%～20%，严重时可达 90% 以上。

蚕饰腹寄蝇

二、形态特征

1. 成虫

体长为 10～18mm。头部覆金黄色粉被。复眼裸，额宽相当于眼宽的 1/3～2/5（雄）或 3/5（雌）。额鬃较短，下降至侧颜，达第 2 节触角末端水平。单眼鬃毛状，细小（雄）或较发达（雌）。触角第 1、2 节色黄，第 3 节黑，第 3 节为第 2 节长度的 2.5 倍。下颚须端部 1/3 黄褐色，基部 2/3 黑褐色。喙短粗，具肥大的唇瓣。胸部黑色，覆稀薄的灰色粉被及浓厚的细小黑毛，背面有 4 条狭窄的黑色丛带。小盾片暗黄，基部 1/3 黑褐，足黑，后足胫节的前背鬃长短一致，排列紧密如栉状。腹部两侧及腹面暗黄，沿背中线及前后端黑色（雄），有时整个腹部暗黑，仅两侧及腹面具不明显的暗黄色斑（雌）。腹部粉被灰色，雄虫极稀薄，仅沿各背板基缘较明显，雌虫较浓厚，占各背板基部 1/2。

2. 卵

微卵型。与柞蚕饰腹寄蝇大体相似，灰黑色，椭圆形，一端较尖，背面隆起，腹面扁平。

3. 幼虫

蛆型，老熟幼虫体长约 15mm，黄白色，初孵化幼蛆乳白色，后气门裂弯曲。

4. 蛹

围蛹，体长为 10～12.5mm。长椭圆形，前端略细，黑褐色。

三、生活史及习性

在河南省年生 3～4 代，以蛹在土中越冬。翌年 4 月中旬成虫（越冬代—第 4 代）开始羽化，4 月中下旬开始产卵，5 月下旬为产卵盛期，寄生春蚕。第 1 代成虫于 6 月下旬开始羽化，产卵寄生其他寄主。第 2 代成虫于 8 月上旬羽化，8 月下旬至 9 月中旬产卵寄生秋蚕，此代为害最重。第 3 代成虫 10 月中旬羽化，产卵寄生其他寄主。此代成虫羽化时间持续相当长，其中部分化蛹较早的可以完成世代发育，即化蛹越冬，在 11 月份羽化的都不能完成生活史。

成虫羽化一般从 6 时开始，8—11 时羽化最盛，占总数的 80%～85%，先期羽化雄多雌少。成虫羽化后，经相当时间的补充营养后交尾。交尾以 10 时为最多。产卵时，雌虫飞到柞叶上，在距柞蚕（多为四、五龄）口器 6～8mm 处产卵。每次产卵 1～6 粒，蝇卵很快被蚕食下，经肠液的刺激，经 30～40 分钟即可孵化。幼蛆穿过肠壁寄生在体壁的组织内，以后又移到气门处寄生，形成呼吸漏斗，幼蛆的后气门通过呼吸漏斗与蚕的气门连接。幼蛆在体内的发育，于柞蚕吐丝后加快，第 2 代的幼蛆在秋蚕作茧后 3～4 天发育老熟，随即从茧蒂处脱出、落地。一般在 12 小时内于土中化蛹。在 22℃下蛹期为 22～30 天。

雌虫寿命较长，在人工饲养条件下可活 34 天。一头雌蝇一生可产卵 800～1200 粒。

四、防治

（1）灭蚕蝇 1 号喷叶喷蚕灭蛆。

（2）技术处理。春蚕期蚁蚕适当提早，可以避开寄蝇产卵盛期。另外，可适当分批摘茧，使蝇蛆在室内脱出，以便集中消灭。

第三节　柞蚕绒茧蜂

柞蚕绒茧蜂（Apanteles sp.）别名柞蚕小茧蜂，俗称花蛟。属膜翅目，茧蜂科。

一、分布与为害

辽宁、吉林、河南、山东、安徽、贵州等省均有发生。此虫以幼虫寄生为害春、秋期柞蚕。辽宁省以春柞蚕受害较重，寄生率一般为 5％～10％。大发生年份局部地区寄生率可高达 50％。

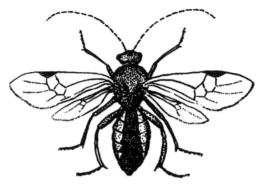

绒茧蜂

二、形态特征

1. 成虫

体长为 2.3～3.2mm，全体黑色。头部密布刻点，复眼突出，单眼 3 个，着生在头顶呈品字形排列，触角丝状，18 节，各节环生细毛。前胸甚小，中胸宽大，背板隆起，其上密布皱褶和点刻，小盾板呈舌状，后胸方形。前翅约与体等长，薄而透明，前缘脉褐色粗大，约在前缘 1/2 处有一近三角形的褐色翅痣，后翅小，翅脉简单，两翅上均生有褐色的小锥状突起。胫节有端矩 2 个。腹部呈纺锤形，第 2 节细长，呈腰状，3～6 节两侧为淡褐色，呈花斑状，产卵管深褐色。雌虫腹部粗大，雄虫瘦小。

2. 卵

一端尖细，楔子形。长约 0.2mm，宽约 0.03mm，白色透明。

3. 幼虫

老熟幼虫约 5.8mm，乳白色。由 12 节组成，体多皱褶，头尖尾钝。头部口器退化，前端有一突出的圆形口孔，其上有一弧形的褐色凹陷，下方有一吐丝孔。

蚕内绒茧蜂幼虫

4. 蛹和茧

裸蛹。呈长纺锤形，长约 3.4mm，宽约 1.4mm。体光滑，中胸背板突出，腹部可见 8 节。茧长椭圆形，长约 4.0mm，宽约 1.8mm，白或黄色。

柞蚕绒茧蜂蛹

柞蚕绒茧蜂病蚕

三、防治

1. 清理蚕场

柞蚕绒茧蜂的茧常落在蚕场的枯枝落叶里，经清理后烧毁。

2. 淘汰被寄生蚕

在柞蚕出把场时，提出弱小蚕另行放养，淘汰被寄生蚕。

3. 小蚕保护育

一～二龄蚕可采用小蚕保护育。三龄上山，可减少此虫为害。

4. 利用天敌

在 6 月上、中旬，搜集此虫茧，装在细纱笼里。将正常羽化的绒茧蜂成虫杀死，待 8～9 天绒茧蜂羽化完后，将剩余的未羽化茧（一般均被天敌寄生），撒到蚕场里，让天敌自然羽化，增加绒茧蜂的天敌数量。

第四节　蛹寄生蜂类

柞蚕蛹的寄生蜂主要有两种，窝额腿蜂和金小蜂，俗称茧蜂子、飞蚂蚁，属膜翅目，小蜂科。

一、分布与为害

目前仅知河南柞蚕区有此虫分布。两种寄生蜂均以其幼虫寄生柞蚕蛹。被害率平均为 15.6%，为害最甚的高达 50%。被害蛹不能羽化，茧亦不能缫丝，影响柞蚕生产。

窝额腿蜂

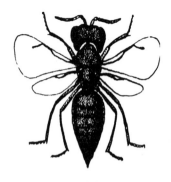

金小蜂

二、形态特征

（一）窝额腿蜂

1. 成虫

雌蜂体长为 5～7.5mm，全体黑褐色，有光泽。头扁平，呈三角形，复眼大而凸出，单眼 3 个。触角丝状，11 节。翅脉简单，前翅仅具一条明显的翅脉。腿节粗大，胫节弯曲。腹部末端较尖细，产卵管由腹面伸出，长为 3～3.5mm。雄蜂体较小，体色较淡。

2. 卵

微小，长筒形。一端略尖细，稍弯曲，初产卵白色，后逐渐变成黄白色。

3. 幼虫

蛆型，体长为 8～11mm，宽为 3～5mm。由 12 环节组成，乳白色。

4. 蛹

裸蛹。初期为乳白色，后变成赤褐色。

（二）金小蜂

成虫雌蜂体长 3～4mm，黑色，有铜绿色光泽，复眼、单眼红色，产卵管约 2mm。成虫雄蜂较小，体色较淡。

三、防治

（1）柞蚕营茧后 3～5 天，即在化蛹前摘茧可避免被寄生。

（2）成虫出茧壳前及时摇茧，凡蛹体沉重，声音发闷的多属被寄生茧，选出蒸杀。

（3）成虫羽化时，集中捕杀。

（4）敌敌畏熏蒸。50％敌敌畏乳油 0.3～0.5mL/m³ 或 80％敌敌畏乳油 0.2～0.3mL/m³，加水稀释 10～20 倍，用吸附物吸附，分别挂在保茧室中。在密闭条件下，窝额腿蜂经 33～37 分钟，金小蜂经 22～45 分钟全部死亡。药效持续 7～10 天，可蒸杀陆续羽化出茧壳的蛹寄生蜂。一般 1 次施药即可控制为害，必要时可连续 2～3 次。

施药时期，以保种室内个别寄生蜂羽化出茧壳，茧蛹内寄生蜂的蛹大部分变黑为适期。当蛹寄生蜂大批发生，急需捕灭时，可用一定数量的敌敌畏，加热挥发；快速熏蒸。

第六章

柞蚕中毒症

中毒症是由某些有毒物质作用于蚕体，破坏蚕体正常的生理机能而引起的一种非传染性蚕病，能引起蚕中毒的毒物种类很多，常见的有农药、工厂废气或煤烟等。柞蚕对杀虫剂特别敏感，例如毒饵药杀蝼蛄，有机磷农药杀柞树害虫等的残药都能引起柞蚕中毒。蚕儿中毒，重者全部死亡，所以中毒症对柞蚕生产为害较大，要特别注意。

第一节 农 药 中 毒

农药中毒是中毒症中最常见的一类。引起柞蚕中毒的农药有有机磷、有机氮类、拟除虫菊酯类及植物杀虫剂等。根据农药作用方式和进入蚕体的途径可分为四类。

胃毒剂：喷到柞叶上或卵壳上被柞蚕食下而引起中毒。

触杀剂：直接接触蚕体。

熏蒸剂：制种室或保卵室利用过去存放过农药或化肥的房间，引起中毒。

内吸剂：用亚铵硫磷防治柞树害虫刺蛾类，喷在柞树上，被柞树吸收，然后小蚕食叶，引起中毒。

由于蚕体接触的农药种类、剂量及时间不同，表现为急性和慢性两种症状：

65

急性中毒：使健康蚕突然中毒死亡。

慢性中毒：一时不表现中毒症状，但由于毒物在蚕体内积累，到后期表现为不结茧或结不正形茧。

一、农药中毒蚕的症状

由于农药的种类、浓度不同，蚕的中毒症状也不一样。一般情况下表现的症状分五个时期：

潜伏期：接触农药后活动仍保持正常或接近正常。

兴奋期：不取食、乱爬、吐少量丝。

痉挛期：苦闷、痉挛、挣扎、吐液、昂头、排污液。

麻痹期：失去把握力，倒挂柞枝，背血管微微搏动。

死亡：蚕体无反应，背血管停止搏动。

不同农药种类蚕中毒症状如下所述：

（1）有机磷农药中毒。如敌百虫、敌敌畏、对硫磷及剧毒的 1059 和 1605 等，中毒症状相似。以敌百虫为例说明：敌百虫可通过接触、食下引起急性中毒，头部昂起收缩，胸部膨大，痉挛、吐液，排不正形粪，排红褐色污液污染全身。腹足麻痹，后半部节间皱缩，有脱肛现象。很快死亡。

（2）有机氮农药中毒。如杀虫脒、杀虫双等。杀虫脒中毒蚕，乱爬、兴奋、吐乱丝、慢慢死去。轻者能结茧。杀虫双中毒蚕还可使蚕体瘫痪，不结茧，尸体干瘪不腐烂。

（3）拟除虫菊酯类农药中毒。可引起蚕急性中毒。头胸抬起，胸部膨大，尾部缩小，头胸及尾部向背面弯曲，乱爬，失去把握力，有时胸部弯曲成螺旋状。

（4）植物杀虫剂中毒。如烟草、鱼藤精。烟草中毒：烟碱可通过触杀、胃毒及熏蒸作用使蚕中毒，中毒蚕麻痹期长，初期胸部膨大，头部及第一胸节紧缩，前半身昂起并向后弯曲，吐液，排软粪，以后进入麻痹期。头胸部肌肉麻痹松弛，吐肠液。腹足失去把握力。轻者经一定时间后可以复苏，复苏后的蚕对体质和茧质无大影响。烟草开花期毒性强。

鱼藤精对蚕儿具有触杀和胃毒作用。呈慢性中毒，潜伏期长，静伏不动，呈假死状态，中毒过程中体躯不缩短。

二、农药中毒蚕的诊断及预防

（一）诊断

根据农药中毒的症状进行诊断：中毒蚕表现停食、把握力弱、乱爬、吐液、身体缩短、痉挛、麻痹、迅速死亡，中毒轻的不吃食，胸部略膨胀，吐乱丝等。再结合周围使用农药的情况及放蚕人员有无接触过农药，进行全面分析，再作出正确结论。

（二）预防

（1）防止农药污染柞叶，烟田要远离蚕坡，果树用农药要考虑周围蚕坡。

（2）蚕室、蚕具、制种室、保卵室不放农药。蚕用喷雾器不喷农药，要固定专用。

（3）放蚕人员衣、物、手、足勿沾染或携带农药。

（4）掌握常用农药的残效期，以免误食留有农药残毒的柞叶。

第二节 煤气及工厂废气中毒

一、煤气中毒

煤气中毒是指保种、暖种、孵卵和小蚕室内保护育时室内补温直接用煤炉烧煤，由于燃烧不完全或煤中含有某种有害物质而产生不良气体，通过呼吸作用进入体内，引起中毒。保种、暖种期中毒的羽化不齐，有的不能羽化。暖卵期中毒的，大部分不能孵化，即使孵化体质也很虚弱。小蚕期中毒轻的食欲减退，不活泼。严重时停食、吐液，死后头胸部伸出，流出黑色污液。因此要改造加温设备，减少直接接触煤气的机会，注意选择煤的质量，注意烟道通畅，定期开窗换气。

二、工厂废气中毒

工厂排放废气，污染柞树叶，经蚕食下后引起中毒，称工厂废气中毒。工厂废气中毒物质有氟化物等。柞蚕在山上放养，中毒情况较少。若蚕坡附近有砖瓦厂、玻璃厂、磷肥厂、石油化工厂等，就容易引起废气中毒。

第七章

消　毒

第一节　消毒的基础

一、消毒的概念

消毒是用化学药剂或物理因子杀灭或铲除细菌、病毒等对人、畜有害的病原微生物的方法。消毒一词有四种基本说法。

（一）杀菌

杀死细菌、病毒。

（二）灭菌

使所有微生物全部杀灭，也包括芽孢之类顽强的病原在内。

（三）消毒

仅是消灭对人畜有害的微生物，并非杀灭所有一切细菌、病毒之类。如蚕室消毒时，消毒就是以杀灭与几种蚕病相关的细菌与病毒等为目的，不必考虑与此无关的细菌、芽孢等残存的问题。医院手术室，务必做到全部灭菌程度。蚕室要达到灭菌的程度，经济上是不合算的，技术和设备条件也是不可能的。蚕室的消毒主要是减少、控制蚕病的发生。

（四）防腐

添加那些使细菌、真菌不增殖的药剂。主要是用于食品，饲料防止腐败方面。如蚕的人工饲料中添加的山梨酸即是防腐剂。防止人工饲料在储藏中腐败变质。

二、消毒方法

消毒方法大致可分为三种。

（一）物理消毒法

利用物理作用杀灭病原体。包括火烧消毒、日光消毒、紫外线消毒及加热消毒等方法。

（二）化学消毒法

即用消毒药物的消毒方法，有液体消毒药物、粉剂、气体消毒剂。

（三）物理化学消毒法

同时使用物理和化学两种方法消毒、杀菌力强。

三、消毒药的杀菌作用

杀菌的作用机理是阐明消毒药中最基础的东西，了解清楚，就能有效、正确地使用消毒药物。

（一）消毒药的主要作用

消毒药的作用机制大致有下列三种：

（1）菌体壁的破坏。使菌体外壁破裂，菌内容物泄出，菌体死亡。

（2）菌体蛋白的变性。菌体主要成分是蛋白质，消毒药可起化学作用，使菌体内的流动蛋白发生变性，使菌体破坏而死亡。

（3）遮蔽菌体表面，阻碍呼吸。

这些作用都是非常简单的、破坏性的和即效的。

（二）消毒药与细菌的接触

在水中，消毒药的粒子作"布朗运动"，无目的地来回运动。当粒子和细菌冲撞时，就起到上述的破坏菌体的作用。

消毒液的浓度高，水中消毒粒子的数量增多，增加了同细菌冲撞的机会，因而杀灭细菌多，杀菌效力也强。在消毒药液中浸渍的时间长，增加了同细菌冲撞的回数，因而杀菌数多，杀菌效率也高。

（三）利用静电引力的表面活性剂

表面活性剂具有正电的阳离子，而细菌菌体表面都带负电。带正电的表面活性剂粒子可被带有负电的细菌体所吸引。所以在使用表面活性剂时，消毒药粒子由于静电引力的关系，可以积极向细菌体接触、冲撞。因此稀浓度的表面活性剂就具有很强的杀菌能力。

四、细菌对消毒药的抵抗力

消毒药对于各种细菌并不都具有同样的杀菌能力，有的细菌对消毒药的抵抗力强些，有的细菌对消毒药的抵抗力弱些。这种抗力的差异，是同细菌的体壁强度有关。体壁厚抗力强的细菌受消毒药粒子冲撞并不会死亡，而体壁薄抗力弱的细菌，一受粒子冲撞就会死亡。所以消毒药的杀菌效力因病原不同而有差异。

五、阻碍消毒力的因素及消毒应注意的事项

（一）阻碍消毒力的因素

在实际消毒中，病原往往伴同有机物（生物的排泄物和尸体等）一起，因此对消毒有下面几种阻碍作用：

（1）病原的隐蔽。在一小块排泄物或尸体中能隐蔽着几万个至几十万个病原体，消毒药粒子是无法进入的。

（2）对消毒药粒子的吸附。大块的有机体好似巨大的海绵，吸附着大量的消毒药粒子，这样就造成消毒液中自由活动的粒子数减少（浓度减稀），结果导致消毒力的降低。

（3）由于 pH 值的变化，致使消毒药剂不活性化，从而导致效力下降。

（二）消毒应注意的事项

（1）应选择杀菌力、杀毒力强以及受有机物、pH值影响而降低效力的消毒药剂。

（2）应用有效的方法，进行彻底的消毒，要做好以下三点：①除去污物；②用消毒液洗涤；③使用足够量的消毒液。

第二节 化 学 消 毒

化学消毒是应用某些化学药剂作用于病原微生物，造成病原微生物原生质变性。酶类失去活力等而失去致病力，从而达到防病的效果。在柞蚕生产上已被广泛应用并有显著效果的药剂主要有漂白粉、福尔马林、毒消散、石灰、盐酸、烟雾剂和其他消毒药等。

一、漂白粉

（一）化学成分与性质

漂白粉是一种白色粉末，有一种强烈的刺激性气味。它的化学名称是次氯酸钙，分子式是 $Ca(ClO)_2$，有效氯含量为 $25\% \sim 30\%$。主要性状：腐蚀金属、腐蚀纤维、有漂白作用，溶液碱性，药效不稳，不耐储藏，吸收水气及二氧化碳后潮解失效。因此必须装在密闭的瓶里，储存在冷暗、干燥的场所。

（二）作用原理

漂白粉的化学反应式：$Ca(ClO)_2 + 2H_2O \rightarrow Ca(OH)_2 + 2HClO$

漂白粉溶解于水而形成次氯酸，再离解为次氯酸根离子（ClO^-）。由于次氯酸根不稳定，可以进一步分解而释放出初生态氧及氯气。初生态氧具有强烈的氧化作用，使病原微生物的蛋白质变性，凝固而失去致病力。氯气本身就有杀菌作用，因此漂白粉的质量和消毒效果取决于次氯酸根的含量。习惯上用"有效氯"来表示次氯酸根中氯占制剂的百分率。目前市场上销售的漂白粉的有效氯为 25％～30％。

（三）消毒对象及使用范围

漂白粉对柞蚕的各种病原微生物都有消毒作用，所以漂白粉可以配成水溶液进行制种室、保卵室、蚕室等及室外场地消毒。但由于漂白粉的性质极不稳定，如长久储存或日光直晒，其有效成分损耗很快。因此使用前必须测定有效氯的含量。另外漂白粉对金属及衣服有腐蚀作用，对蚕室的门窗（金属制的）及金属用具和喷雾器都有腐蚀作用，应加以注意。

二、福尔马林

福尔马林是甲醛的水溶液。

（一）化学成分和性质

甲醛的分子式是 HCHO。在常温下是气体，有刺激气味，温度越高，气体挥发性越大，对人的眼黏膜及上呼吸道有强烈的刺激作用。

福尔马林一般含甲醛 35％～40％（20℃ 时的比重为 1.081～1.086），还混有少量甲醇、甲酸和丙酮等，呈弱酸性，比较稳定，可以长时间储存。但在高温或强光下，容易发生聚合反应，产生白色沉淀，杀菌力将会降低，遇此情况，可加入少量碱性物质，如氢氧化钠、石灰等，解除聚合作用。

（二）作用原理

主要是甲醛具有强烈的还原作用，是一种强还原剂，能透过细胞膜夺取病原体内的氧，能将病原微生物原生质中的蛋白质凝固和变性失去代谢能力，从而起到杀菌消毒作用。常用 3％甲醛水溶液消毒。

（三）消毒对象和使用范围

甲醛和漂白粉一样，消毒对象也很广泛，对大多数蚕病病原微生物都有强烈的杀灭作用，可用于制种室、保卵室、蚕室等及各种蚕具的消毒，也广泛用于卵面消毒。消毒效果与温度有关，消毒时液温必须保持24℃以上。

目前市场上出售的福尔马林规格很不一致，有精制品其浓度为36%~40%，有工业用粗制品其浓度多为28%~36%，还有的已聚合成棉絮状，有的成糊状，这几种福尔马林的有效浓度差别很大，在广大农村生产应用时，常因配药的浓度掌握不准，而未达到消毒的目的。因此在配药前必须准确测量福尔马林原液的浓度。以便按需要的目的浓度进行稀释。

三、毒消散

毒消散是以固体的聚甲醛为主要成分的制剂。

（一）化学成分及性质

毒消散是聚甲醛与苯甲酸、水杨酸配的混合物，为淡黄色的结晶。聚甲醛的含量为60%，苯甲酸的含量为20%，水杨酸的含量为20%。加热时先液化，然后气化，蒸发为甲醛蒸气。所以毒消散是一种气体熏蒸杀菌剂。

聚甲醛为白色固体，溶点是120~170℃；苯甲酸为白色晶体，溶点是122℃，沸点是249℃，在100℃升华；水杨酸为白色针状晶体，溶点为159℃，沸点是211℃，在76℃升华。

（二）作用原理

甲醛蒸气的作用原理同福尔马林。聚甲醛、苯甲酸、水杨酸三种药剂都有杀菌作用，三种药配合以后具有渗透作用大、杀菌力强的特点。

（三）消毒对象及使用范围

毒消散与福尔马林一样，消毒对象也很广泛，对大多数蚕病病原微生物都有强烈的杀灭作用。是制种室、保种室、蚕室等室内及蚕具消毒的良好消毒剂。消毒需要在密闭条件下进行，熏蒸的效果又与温度有关，消毒时必须保持 24℃以上的温度。毒消散对人、畜安全，对金属、蚕具、棉毛、纸张等均无药害，使用方便，消毒后，气味消失快，开放门窗经半天，蚕室即可使用。毒消散加热至 120℃开始液化，即大量发烟，经 20 分钟左右，气化完了，如果加热的火力过大，容易燃烧，一旦燃烧，将降低消毒作用，影响消毒效果。

四、石灰

（一）化学成分及性质

新鲜的生石灰主要成分是氧化钙（CaO），加水或吸潮后化成粉末状的消石灰（熟石灰），其成分为 $Ca(OH)_2$。石灰长期接触空气后吸收二氧化碳，逐渐变为碳酸钙（$CaCO_3$）而失去消毒作用。

（二）作用原理

石灰的消毒作用主要与氢氧化钙的性质有关。

$$CaO + H_2O \longrightarrow Ca(OH)_2$$
$$Ca(OH)_2 \longrightarrow Ca^{2+} + 2OH^-$$
$$Ca(OH)_2 \longrightarrow CaCO_3 + H_2O$$

石灰在水中溶解形成 Ca^{2+} 及 OH^-，具有碱性。能直接作用于病原体的原生质，使蛋白质凝固变性而导致失活。氢氧化钙的水溶液俗称石灰水，过量的氢氧化钙与水混合成的乳状物称为石灰浆。石灰浆的消毒力远比石灰水强。这是因为消石灰的溶解度小（0.2%），澄清的石灰水中的 OH^- 含量较少，易于在消毒过程中耗尽，而不能得到补充。而石灰浆则不同，溶解于水中的 OH^- 消耗以后，可以由未溶解的氢氧化钙继续离解而得到补充。消耗能力大大提高。因此，应用石灰消毒时，必须随用随配，充分搅拌成悬浊的石灰浆再进行消毒。氢氧化钙液中的 Ca^{2+}，可以直接影响病原体细胞膜的透性及环-腺苷酸的代谢。

（三）消毒对象及使用范围

新鲜石灰对柞蚕核型多角体病病原有强烈的灭活作用。

在柞蚕生产中，用于浸泡蚕具消毒，粉刷蚕室的墙壁，喷洒地面消毒等。

五、盐酸

（一）化学成分及性质

盐酸是无色透明的液体，是一种强酸，具有酸类的一切通性。分子式是 HCl，含有氯化氢 $35\%\sim37\%$。它与金属、碱类、盐类、布类接触就起反应，对人的皮肤有刺激或引起药害。盐酸中含有氯化氢容易挥发出来，挥发以后，盐酸的浓度就降低了。因此储藏盐酸时瓶口要封严防止挥发。

（二）消毒对象及使用范围

盐酸对柞蚕的细菌病，核型多角体病的病原都有直接的破坏作用。在柞蚕生产中用于卵面消毒，推广应用的盐酸浓度为 10%，消毒 10 分钟。辽宁蚕科所又研究出了盐酸、甲醛混合液卵面消毒，可杀死软化病菌和核型多角体病毒，效果显著。

市售的盐酸还有一种是工业用盐酸，常因含有杂质而显黄色，工业用盐酸的浓度不稳定，一般为 $25\%\sim30\%$，在使用前需用比重计测一下浓度，然后再配成所需要的浓度。

六、烟雾剂

烟雾剂是熏烟杀菌剂的一种。其成分是氯酸钾（$KClO_3$）35%，氯化氨（NH_4Cl）60%，碳粉 5%，三种配合而成。对柞蚕核型多角体病、柞蚕细菌病、柞蚕微粒子病的病原都有消毒作用，一般用于秋柞蚕纸面产卵的卵面消毒。其消毒效果与福尔马林基本相同。

七、其他消毒药

要注意引进一些在桑蚕上已经应用的新蚕药在柞蚕防病消毒中试用，如优氯净、蚕季胺、多灭净、致孢霉等。

第三节　物　理　消　毒

一、火烧消毒法

利用煤气或酒精火焰燃烧，达到完全消灭病原。例如，为了防止杂菌感染，我们用接种环，每次取菌种前都要在酒精灯火焰上烧几次消毒。又如养鸡场有一种球虫病的卵囊，用消毒药杀不死，因此鸡房地面，要用火焰放射器燃烧消毒。

二、加热消毒法

分干热消毒和湿热消毒两种，干热杀菌一般用250℃高温，而湿热消毒则用115～130℃的温度，无论干热或者湿热，都是利用高温来达到消灭病原体的目的，能使病原的原生质中的蛋白质变性凝固而失去活力。

湿热消毒通常有煮沸消毒和高压蒸气灭菌两种。煮沸时间为30～60分钟。

三、日光消毒法

日光消毒法是利用日光中的紫外线的杀菌力进行消毒。紫外线可病原微生物的核酸及蛋白质变性而致死。但是这种消毒只能消灭表面的病原物，而达不到深层，故不彻底。另外，受天气阴晴的影响较大，只能用作蚕具辅助消毒。

四、紫外线消毒法

紫外线消毒法是应用紫外线杀菌灯在雨天、夜间或室内进行的人工紫外线消毒。紫外线中仅有波长 240～280nm 的紫外线才有杀菌力。

紫外线的消毒机理：紫外线照射菌体，对菌体增殖不可缺少的核酸合成起阻碍作用，使之成为变性的核酸，结果使菌体不能增殖而死亡。

紫外线的照射距离同杀菌力有密切关系：用 10W 的紫外线灯，照射距离 5cm 时，5 分钟内可以完全杀菌；照射距离 10cm 时，10 分钟有效；照射距离 30cm 时，则需 30～40 分钟才有效；照射距离 1m 时，即使照射 12 小时以上也无效果。

紫外线消毒对阴影部分以及物质内部均无消毒效果。水、玻璃和塑料等也可吸收紫外线，使紫外线不能透过。

紫外线的放射量以 20℃温度时为最高值，此时消毒效果最佳，当 0℃时放射量只有其 60%，而温度在 20℃以上时也易恶化，降低消毒效果。湿度也会降低紫外线的放射能力。

紫外线能引起皮炎、眼红以及呼吸器官的障碍，并能损伤植物的芽和叶。

第八章

综 合 防 治

蚕病的发生和蔓延的原因是相当复杂的，是由病原体的感染、蚕体生理状况和环境条件等多方面的因素共同作用的结果。所以在生产过程中企图以单一的防治措施来达到防病的目的是不可能的。我们必须从杜绝或减少病原物对蚕儿的侵袭，增强和提高蚕体的生命力和抗病能力，改善蚕儿的生活条件等多方面入手，在各个放养季节和地区，将其各种防治方法和养蚕技术结合起来，全面地进行防病工作，实行蚕病的综合防治，才能收到预期的效果。

综合防治，要以"防"为主，"防""治"结合，积极做好蚕病的预防工作，控制蚕病的发生和蔓延，把蚕病消灭在萌芽状态之中，才能夺取柞蚕茧的优质、高产。

第一节　彻底消毒，消灭病原，预防传染

养蚕生产中为害最严重的是传染性蚕病，它们的发生是由于病原微生物传染的结果。病原物分布很广，传染源多存活力较强，所以彻底消毒，消灭病原工作，在整个综合防治中更为重要。

一、蚕室、蚕具、蚕坡消毒

蚕室、蚕具、蚕坡是病原菌经常存在的场所，也是病原菌扩大传

染的源地，特别是蚕种场和多年的制种室、蚕室及蚕坡，积累的病原菌更多，扩大传染也更严重。所以在制种前对制种室、保卵室、蚕具等都要进行严格消毒，用3％甲醛的福尔马林或毒消散（5g/m³）或1％有效氯漂白粉进行蚕室、蚕具消毒，如用上期发病的蚕坡来养小蚕时，蚕坡必须用漂白粉或石灰来喷洒消毒，消灭病原。

二、控制传染源，防止病原物扩大传播和蔓延

（1）蚕期发现各种病蚕及尸体等要及时收集到一起，深埋地下或用火烧掉或放到消毒缸里。

（2）摘茧时，把好茧和血茧分别放置，血茧不要带回制种室。运回制种室的好茧中发现了血茧，要及时选出，妥善处理。

（3）制种时，要加强对病、弱蛾的管理，把淘汰的病、弱蛾全部装入废蛾桶，剪掉的蛾翅和足等不要乱扔，随时烧掉。微粒子病重的地方，最好不要吃废蛾，不要将废蛾喂鸡鸭，以防微粒子病的传染、蔓延。

（4）淘汰病蛾卵，防止微粒子病的胚种传染。目前用化学和物理的方法还不能杀死卵内的孢子，而使蚕卵正常发育孵化。所以只有淘汰微粒子病蛾卵的方法，来防止微粒子病的胚种传染：①多投种用肉眼严选蛾；②单蛾产卵，逐个蛾用显微镜检查，将微粒子病蛾卵烧掉。

三、做好卵面消毒工作

蚁蚕孵化出来有食卵壳的习性。卵面上若感染上病原微生物，就造成了食下传染，是引起蚕期大量发病的根源。因此，采取卵面消毒是预防蚕病发生的重要措施。

卵面消毒常用方法有下面三种：①3％甲醛液卵面消毒法；②先用0.5％～1％的苛性钠浴卵，再用10％的盐酸消毒；③盐酸、甲醛混合液卵面消毒法。

第二节　选用良种，增强蚕儿
对疾病的抵抗力

蚕种质量是关系到蚕抵抗力强弱的重要因素，选育抗病力强、优质、高产的蚕品种，推广优良的柞蚕杂交种是夺取蚕茧丰收的基础。在生产上要根据本地区的气候特点和放养管理水平选用适宜品种，具有特别重要的意义。

一、选用抗病品种

柞蚕品种间或同一个品种的个体间，对疾病的抵抗力差异很大。河南省蚕业科学研究院试验结果：河南省现行的柞蚕品种 33、39 及河 41 的抵抗力就有明显差异。33、39 两个品种抗病力强，河 41 抗病力差。1967 年进行卵面添毒测定：39 的 LD_{50} 是 $10^{-0.699}$，即每头蚁蚕食下 12500 个核型多角体，三龄饲食时，供试蚕死去一半。而河 $41LD_{50}$ 是 $10^{-1.54}$，即每头蚁蚕食下 1800 个多角体，三龄饲食时，供试蚕就死去一半。从而看出品种间抗病力差异显著。同一试验也可看出品种内个体差异明显。

二、丝茧生产应选用杂交种

杂交种比纯种抗病力强，而且好养。柞蚕杂交种能避免纯种的生长势弱、生活力低、抗逆性差、发病多、产量低等缺点，表现出优于两亲的杂种优势。丝茧生产就采用杂种一代的增产效果，通常为 15%～20%。

沈阳农业大学柞蚕杂交组合评选试验结果表明：大部分杂交组合的蚕期发病率都明显低于纯种。所以丝茧生产应采用杂交种，这不仅

81

抗病力强，增产性能也好。

第三节　认真做好蛹卵期的保护

蚕体强健性是由遗传、生理、病理、发育阶段和环境条件诸因素相互作用、相互平衡所决定的，不同发育阶段对环境条件的要求也有差异。只有在满足其要求的适宜条件下来保护，才能增强健康程度。优良的蚕种在蛹期或卵期保护管理不当，影响蚕蛹和蚕卵的正常生理，导致体质虚弱，减低对蚕病的抵抗力，到蚕期就容易诱发蚕病。所以要做好蛹期卵期的保护，也是预防蚕病的积极措施。

一、蛹期管理

柞蚕蛹期是蚕的幼虫期到成虫期的变态期，是体内幼虫组织器官离解和成虫组织器官形成的时期。蚕蛹越冬期间，二化性蛹要经 180 天，一化性蛹和二化一放蛹要经过 290 多天。在蛹越冬期间，经低温解除滞育后，对温湿度变化非常敏感，冬天保种温度应控制在 $-2\sim$ 2℃，以 0℃ 为最佳，相对湿度 50%～60% 即可。

保种和暖茧期间，种茧不要堆积过厚，注意通风。保种期间种茧要平摊在茧床里，防止堆积过厚，厚度不超过 15cm 为宜，暖茧时种茧及夏秋期摘回的种茧选后要及时穿挂起来，切勿捂大堆，避免伤热。

暖茧期蛹体内部变化剧烈，物质代谢强度大，蛹体与环境间热和水分的交换主要通过气体交换来实现，所以暖茧期除了注意调节温湿度外还要认真调节室内空气、防止郁闷。

二、卵期管理

卵期是蚕儿从胚胎形成到蚁蚕发育完成的全过程。卵内处于剧烈胚胎发育阶段，代谢旺盛，与环境间的热、水分和气体交换强烈，若温湿度和通风条件不良，将对胚胎发育不利，所以要加强卵期管理。

春蚕期适温 22℃，相对湿度为 75%～80%。温度高、湿度大发育加快，消耗增加，营养得不到补偿，将使胚胎衰弱对疾病抵抗力降低，若温度低、湿度小，发育延缓，孵化不齐，蚁蚕瘦小，易诱发蚕病，减蚕率明显增加。

第四节　选择适宜蚕场，加强放养管理

蚕儿是一生四个变态中，唯一的取食世代。蚕的一生生命活动所需物质及能量来源，均来自蚕期的营养积累。蚕期的营养状况不仅影响蚕儿体质强健，而且影响蛹质和卵质。蚕儿的营养生理又直接与饲料和生活环境——蚕坡的温湿度、气流、光照等有密切关系。但是，蚕在不同发育阶段对饲料和环境条件的要求亦不同，因此，在蚕不同的发育阶段选择不同蚕坡和饲料，保证其健康成长，增强抗病力。

一、小蚕采用保护饲育

无论是室内保护饲育还是室外保护饲育，由于饲育环境可以进行消毒，同时环境条件可以进行人工调节，饲料可以选择，这样就能保证小蚕的体质强健，增强抗病力。

二、根据蚕的不同发育时期，选择适宜蚕坡

蚕的不同发育时期，对叶质及环境条件要求不同，要根据不同的要求选择相应的蚕坡。小蚕期需要含蛋白质多的，碳水化合物和水分适量的叶质，并且喜欢高温，所以蚕坡尽量选择 2～3 年生的柞树，背风向阳的东南或南向蚕坡。大蚕食叶旺盛，要求含大量碳水化合物，适量蛋白质和水分的叶质，并且喜欢稍低的温度，所以尽量选择 1 年生的柞树，东向或北向山上部通风的蚕坡。

三、适当稀放，及时匀蚕，剪移

不论小蚕、大蚕都应当稀放，使蚕在柞枝上都有等同取食的机会。放的过密，再不及时匀蚕、剪移蚕，易造成部分蚕饥饿而串枝跑坡，诱发蚕病。眠前不及时匀蚕或剪移，蚕眠在光枝上，容易晒眠子或大雨灌眠子，导致蚕病发生。所以一定要加强放养管理，增强蚕儿的健康程度，避免或减轻蚕病的发生。

参 考 文 献

［1］ 秦利. 中国柞蚕学［M］. 北京：中国科学文化出版社，2003.

［2］ 李树英，秦利. 柞蚕病理学［M］. 沈阳：辽宁科学技术出版社，2015.

［3］ 张国德，姜德富. 中国柞蚕［M］. 沈阳：辽宁科学技术出版社，2003.

［4］ 周怀民，胡则旺. 柞蚕生产技术［M］. 郑州：河南科学技术出版社，1995.

［5］ 宋策，李喜升，王勇. 柞蚕柞树病虫害发生与防控［M］. 沈阳：辽宁科学技术出版社，2017.

［6］ 包志愿，周志栋. 河南柞蚕业生态高效技术集成［M］. 北京：中国水利水电出版社，2013.